知 美

遇见生活中的美好

顺利长大的肉肉

园艺师的多肉日历培育法

〔日〕鹤冈秀明 著

宋天涛 译

机械工业出版社
CHINA MACHINE PRESS

本书是在日本拥有较高声望的多肉园艺师鹤冈秀明的培育心得，也是一本成功培育多肉和仙人掌的快速查找手册。

书中分享了作者几十年培育多肉的经验和方法，将培育过程中难以把控的地点、温度、水分、繁殖等关键要素和时间点用培育日历巧妙地呈现。

同时，在总结的培育经验基础上，将多肉品种按照生长季节进行划分，并基于生长季节特点给予恰当的培育方法；而针对基础性的养护、繁育、防虫、度夏和度冬技巧也进行了简明、有效的精心解读。

初学者可以在书中快速、准确地找到多肉和仙人掌的培育方法，而对于有一定培育经验的多肉植物爱好者，在学习过本书后培育能力也会得到大幅度提升，从而培育出更加可爱、健壮的多肉植物。

これでうまくいく！よく育つ多肉植物 BOOK

© HIDEAKI TSURUOKA 2017

摄影：弘兼奈津子　佐山裕子　柴田和宣　　　照片提供：鹤冈贞男　鹤冈秀明　　　插画：岩下纱季子

编写：泽泉美智子　　　　　　　　　责　编：平井麻理

Originally published in Japan by Shufunotomo Co., Ltd.

Translation rights arranged with Shufunotomo Co., Ltd.

ISBN: 9784074271290

This title is published in China by China Machine Press with license from SHUFUNOTOMO Co., Ltd. This edition is authorized for sale in China only, excluding Hong Kong SAR, Macao SAR and Taiwan. Unauthorized export of this edition is a violation of the Copyright Act. Violation of this Law is subject to Civil and Criminal Penalties.

本书由主妇之友社授权机械工业出版社在中国境内（不包括香港、澳门特别行政区及台湾地区）出版与发行。未经许可之出口，视为违反著作权法，将受法律之制裁。

北京市版权局著作权合同登记 图字：01-2018-2743 号。

图书在版编目（CIP）数据

顺利长大的肉肉：园艺师的多肉日历培育法 /（日）鹤冈秀明著；宋天涛译.
— 北京：机械工业出版社，2018.11
ISBN 978-7-111-63804-9

Ⅰ.①顺… Ⅱ.①鹤… ②宋… Ⅲ.①多浆植物－观赏园艺
Ⅳ.①S682.33

中国版本图书馆CIP数据核字（2019）第219206号

机械工业出版社（北京市百万庄大街22号　邮政编码100037）

策划编辑：丁　悦　责任编辑：丁　悦
责任校对：李　杉　封面设计：吕凤英
责任印制：孙　炜

北京华联印刷有限公司印刷

2020年1月第1版·第1次印刷
185mm×240mm·9.25印张·1插页·257千字
标准书号：ISBN 978-7-111-63804-9
定价：59.80元

电话服务　　　　　　　网络服务
客服电话：010-88361066　机 工 官 网：www.cmpbook.com
　　　　　010-88379833　机 工 官 博：weibo.com/cmp1952
　　　　　010-68326294　金 书 网：www.golden-book.com
封底无防伪标均为盗版　机工教育服务网：www.cmpedu.com

序 言

欢迎来到让人着迷的多肉世界!

　　我的家族经营着一家专业培育、销售多肉、仙人掌的店,传到我这里已经是第三代了。小时候我的身边就环绕着各种植物,从中学起我开始帮父亲运送原料、幼苗,辅助进行培育工作。可以说,这其中的每一项工作我都掌握得非常熟练。上大学时,父亲的腰痛变得十分严重,于是把仙人掌种植园交给我打理,在经营的过程中,我经历过不少挫败,当然,也从中学到了很多东西。大学毕业后,我受到一些前辈的启发,开始种植和售卖以十二卷属为主的植物,在培育、经营的过程中,我致力于增加多肉和仙人掌植物的种类,提升它们的质量,培育了此前在日本少有培育的多肉植物品种。

　　借着此书的出版,我想把自己多年来积累的培育要点告诉大家。其实多肉植物的培育和生长并不像想象中那么复杂和难以把控,只要将它所需要的生长因素控制好,按照它自身的需要按时、适量地供给阳光、水分和养分,所有人都能轻松上手。希望大家在看过此书后会爱上多肉,也爱上培育多肉。

鹤仙园第三代老板　鹤冈秀明

HIDEAKI
TSURUOKA

目 录

第一章
养多肉，你需要知道的培育知识

第二章
多肉植物的种植日历和指南

景天科

第一章

养多肉，
你需要知道的培育知识

想顺利将多肉养大，你真的需要了解它们的特性、产地和喜好的环境。

什么是多肉？
不是只有叶子肥厚的植物
才是多肉

　　多肉植物是指根、茎、叶三种器官中至少有一种是肥厚多汁，具备储存大量水分功能的植物。它们在干旱少雨的沙漠中也能顽强生存，所以即便不常浇水也能生长。

　　许多品种不仅形状独特，颜色也富于变化，生出的花朵十分美丽。

　　找到自己喜爱的多肉，了解它们的特性，培育它们吧。

一些品种拥有晶莹剔透的透明叶窗
十二卷属

叶子如同玫瑰花瓣一般，颇具人气
石莲花属

花座上都是刺
大戟科

盘旋向上的叶子，形态真特别
哨兵花属

多肉？仙人掌？有什么不一样

  "仙人掌科"是多肉植物中的一个种群。仙人掌科的植物有刺和刺座（刺的根部突起的部分）。不过有时刺会退化，变成绒毛或者粉末，不再引人注意或有攻击性。

  在多肉植物中，有的品种和部分大戟科植物一样长着类似刺的东西，但没有刺座，第一次看到的人会难以分辨。

刺座

在仙人掌科的植物中，多数品种长着刺和刺座，刺退化后也会残留刺座。

叶子是硕大的莲座丛状
龙舌兰属

星形仙人掌
星球属

沙漠中的宝石
生石花属

仙人掌的花朵也很萌
乳突球属

块根类的多肉，根部肥大得像个酒壶
沙漠玫瑰

多肉按照时节划分的三种生长类型

根据生长时期的不同，多肉植物大致可以分为三类。多肉的这种分类方式也意味着培育它们的关键在于"在生长期浇水、施肥，在休眠期和半休眠期控水和控肥"。在休眠期浇水和施肥过量会导致叶片枯萎。只要了解所养多肉的生长需求，就能非常顺利地养大它们。

当然，了解所养多肉的原生环境和气候是很重要的。它们是生长在高温、少雨的干旱地区？还是生长在赤道附近的高山悬崖？它们的管理方法会非常不同。

景天属

拟石莲花属

长生草属

春秋季生长型
（简称春秋型）

春秋型多肉在气候温和的春秋时节生长。夏天的生长非常缓慢，大部分会进入半休眠状态。13~25℃最适宜它们的生长，所以寒冬和盛夏时节要减少浇水。

> 天锦章属、碧玉莲属、瓦松属、拟石莲花属、风车草属、杂交属、银波锦属、景天属、长生草属、十二卷属、厚叶草属、瓦莲属、厚叶石莲属等

十二卷属

龙舌兰属

沙漠玫瑰

棒槌树属

夏季生长型
（简称夏型）

夏型多肉的生长时期跨越了春季、夏季、秋季，适合的生长温度在20~35℃。盛夏时节生长缓慢，所以要进行遮光并放置在通风处培育。冬季休眠期适度浇水，移到温室或者室内的窗边养护。

乳突球属

龙舌兰属、星球属、沙漠玫瑰、岩牡丹属、芦荟属、百岁兰属、非洲铁属、没药属、虎尾兰属、棒捶树属、乳香属、乳突球属、麻风树属、乌羽玉属等

冬季生长型
（简称冬型）

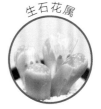
生石花属

棒叶花属

哨兵花属

冬型多肉的生长时期跨越了冬季、春季，适宜的温度为5~23℃，不能承受5℃以下的温度。夏季休眠期要适度浇水，放在防雨、通风良好的地方培育。

哨兵花属、虾钳花属、肉锥花属、厚敦菊属、辛球属、刺眼花属、棒叶花属、对叶花属、天竺葵属、魔南景天属、生石花属等

肉锥花属

植物选择要点

购买多肉时要选择健康、品相佳的植株，以便我们能够更轻松地培育。以下是在购买多肉时容易忽视和需要特别注意的细节。

新手购买时建议选择春秋型

春秋季气候温和，与夏季和冬季相比更易于种植。特别是多肉培育的新手，如果从春秋型多肉开始入手，多肉成活率高，培育过程也会变得轻松，能成功地建立培育多肉的信心。

多肉植物种类繁多，不同的季节，市面上销售的种类也不同，但春秋季是大多数多肉品种的销售旺季。从众多的幼苗中挑选出自己心仪的多肉植株，这个过程本身就十分有趣，建议大家有机会可以参加多肉植物爱好者的社团和各种花艺展览会、展销会，等等。

新手适合种植的品种——景天属、拟石莲花属、十二卷属

景天属、拟石莲花属、十二卷属等品种，不仅耐寒，也易于成活，适合初学者种植。

多数多肉植物生长在温差大、干旱的沙漠等恶劣环境中，生存环境很少像处于温带和亚热带季风气候的地区，有长时间的寒冬。处于寒冷地区的多肉要采取相应的保护措施，如果在日本关东以西的温暖地带⊖，景天属、拟石莲花属、十二卷属等多肉品种不仅会在春秋季苗壮成长，冬季也能放在室外或者简易温室内培育。

图1 虹之玉锦易成活，秋季时变红的叶子特别艳丽。图2 姬玉露，窗体如同透彻的宝石一般。图3 拟石莲花属的昂斯诺，它的叶子如同蔷薇花瓣一般娇俏，有深褐、紫红等颜色，叶子颜色、形状各式各样。

⊖ 日本关东以西的气候与中国秦岭—淮河以南的东南沿海地区气候相似。

购买时请和卖家确认多肉的品种和名称

选择在日照充足、通风良好、勤于管理的花店中购买多肉。处于良好环境中的幼苗在购买后也会苗壮成长。

如果卖家店铺中的植物晒不到阳光，那么多肉一经阳光直射叶子便会出现"枯焦"现象，如同灼伤一般，还会腐烂。对于这样的多肉请参考本书 P16，使用纸巾或者遮阳网调节光的强度，帮助它逐渐习惯新环境。

购买多肉时，熟知购买的植株种类、品种名称会对后期的培育和管理非常有帮助。所以推荐购买带有品种、名称标签的多肉。

图1 如果选购的多肉上已经贴上了名字标签，那么在后续的培育过程中会更容易管理。

图2 请选择那些把多肉植物摆放得井然有序的花店。一般情况下，有经验的店主会给多肉之间留出空间，并放在不易淋雨的地方，还会将喜爱强光的品种放在外侧。

推荐选择株形紧凑、色泽鲜亮的多肉

不要选择节与节之间长得细长、叶子颜色暗淡的植株。带斑纹的品种要选择叶子花纹清晰、绿叶颜色透亮的植株（有部分例外）。

推荐株形紧凑，叶子、茎部、枝干富有光泽，颜色透亮的植株。如果是开花的多肉，则选择花形匀称、花色艳丽的植株。

图3 色泽鲜亮、花朵雅致的索马里沙漠玫瑰。

图4 株形紧凑、绿叶透亮的恐龙。

多肉植物的
基本培育方法

良好的培育环境有助于多肉的健康成长。这需要我们细心地观察，根据各个品种的需求适当地进行调整。只要你对多肉充满了爱，肯花费时间和精力用心培育，多肉一定会顺利地茁壮成长。

所有植物需要的光、水、土壤和通风条件，多肉也需要

如果光照不足，多肉便会枯萎。许多人喜欢在室内养多肉，但选择露天培育，多肉会长得更加健康、茁壮。培育多肉至关重要的是光照、水、土壤和通风。细心地观察，我们便会知道多肉的生长过程发生了哪些变化。

这是满满一花盆，冒出新株的十二卷属。为了避免烂根，在适宜移栽的时节到来之前请让多肉在原盆中生长。

购买的多肉在适宜移栽的时节到来之前请在原盆中培育

花卉苗木在购买后一般需要换盆移栽，但如果是多肉，最为稳妥的方式是在适宜移栽的时节到来之前保持在原盆中管理。如果在适宜期以外移栽，多肉不仅难以健康成长，植株还会有枯萎的可能性。

种类不同，多肉植物的生长周期也大相径庭，大多数种类可以一年移栽一次，最佳时节是初春或者秋季。如果在秋季移栽夏型品种，它们的生长速度会渐渐变慢，所以移栽的要点是不要破坏根部土壤原有的形状，直接带着土坨移栽。

花点耐心，让多肉适应新环境

由于多肉在花店或者大棚中的生长环境不同，其呈现的状态也会各有不同。例如，多肉幼苗如果长期生长于阴暗的店铺中，一旦暴露在阳光直射的环境中，它们的生物钟会被迅速打乱。在最初的1周花费一定时间和耐心去细心照顾它们，之后的生长状态会大有不同。

可以用喷水壶和纸巾来调节光照强度和湿度。

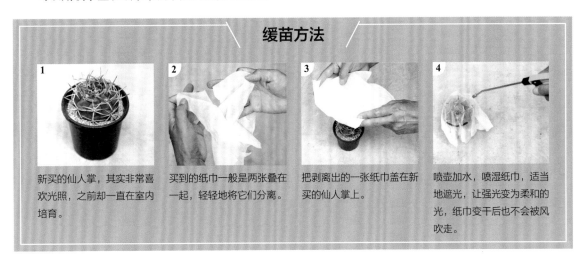

缓苗方法

1. 新买的仙人掌，其实非常喜欢光照，之前却一直在室内培育。

2. 买到的纸巾一般是两张叠在一起，轻轻地将它们分离。

3. 把剥离出的一张纸巾盖在新买的仙人掌上。

4. 喷壶加水，喷湿纸巾，适当地遮光，让强光变为柔和的光，纸巾变干后也不会被风吹走。

让多肉茁壮成长的秘诀

只需掌握这5个小要点，就能把多肉养得又壮又健康。

长时间沐浴在温和的阳光下

保持良好通风

移盆的时间要适宜

在生长期内经常浇水

根据品种选择适宜成长的土壤

放在哪？怎么浇水？

要想培育出健康、茁壮的多肉，光照和通风可是重中之重。浇水频率可以低，但要根据季节的交替改变浇水方法。快来了解如何挑选多肉摆放位置和浇水的小常识吧。

如果多肉放在朝东、朝南的阳台或房檐下，每天至少要晒4小时的日照

多肉植物可以放在室外向阳的地方培育，如果可以遮雨会更加易于培育。建议放在朝东或朝南的阳台或者房檐下，每天光照时间不少于4小时的地方是适宜的场所。最佳的场所是每天光照时长在6小时以上的地方。不过考虑到城市住宅的实际情况，找到这样的场所并不容易。如果想让多肉更长时间地沐浴在阳光下，并享受良好的通风条件，那么，建议把多肉置于花架上，不要直接放在地上。

A 光照

使用荧光灯、植物培育专用LED灯等不积攒热量的照明设备来补充日照。光线可以充满所有角落。

C 温湿度计

可以快速了解夏冬时节的温度和湿度，十分便利。冬季培育的关键之一是了解多肉能适应的最低温度。而湿度用来了解夏季的闷热状况。

D 遮阳网

便于调整日照条件，帮助多肉越夏、越冬。生长期可以取下遮阳网。

B 风扇

空气不流通会闷到多肉，导致多肉生病。使用小型风扇能轻松改善通风条件。

这些小工具能让多肉在更舒服的环境中成长 «««

无法确保日照、通风时，可以使用一些小工具改善多肉的生长环境，弥补一些先天的不足。如果你的培育场所有"日照不足""通风差"的情况，可以参考左侧插图，采购相关的应对小工具。

使用遮阳网快速调节阳光 »»»

多数多肉植物在夏季会进入休眠、半休眠状态。休眠期间阳光直射会伤及植株。使用遮阳网可以轻松调节阳光。遮阳网分为白色和黑色两种。

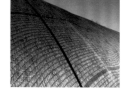

白色遮阳网

遮光率22%，可以柔和阳光，春秋季多用。

黑色遮阳网

遮光率50%，可以把强烈的直射阳光调为明亮的半阴状态，夏季多用。

银色遮阳网

发光的银色纤维可以遮挡阳光中的红外线，为不喜夏季高温的植物进行遮光，使环境变得凉爽。

多肉在生长期要充分浇水，在休眠期要严格控水 >>>

对于处在生长期的多肉，要等盆里的土壤彻底变干后再充分浇水，一直浇到水从盆底孔流出为止。"不干不浇，一次浇透"，这就是浇水的秘诀。相反地，在生长缓慢期和休眠期要控水。处于休眠期的多肉无法吸收水分，土壤过湿会烂根。每月使用喷壶湿润一次即可，根据品种的不同适当调整。

生长期要充分浇水，全部浇透。

以直径7.5cm的塑料花盆为例，约需要量杯中这么多的水量。

左图的盆中是干燥的鹿沼土，右图是湿润时的状态。可以清楚地看出颜色的不同。

选择合适的浇水工具，例如喷壶、水壶、带有花洒的软管，等等。

<<< 盆土干透后再浇透

移栽时，可以用鹿沼土当作盆底土，通过观察浇水前后盆底土的颜色变化来判断浇水的时机。只看土壤表面的颜色是无法得知盆中的湿润状况的，所以对于初学者，只需观察盆底土的颜色便能轻松判断是否需要浇水。如果记录浇足水后花盆的整体重量，那么通过测量单盆重量也能判断是否需要浇水。

特别种类，浇水要特别对待 >>>

对于仙人掌科的星球属这种长有棉絮状的毛或细小绒毛的品种，为了培育出柔软细腻的绒毛，浇水时需要利用弯嘴滴壶把水直接浇到土壤里，不可以直接对着叶子或者绒毛喷水。在休眠期以及半休眠期等不太需要水分的时期，可以用喷壶远距离喷雾，稍微沾湿即可。

使用弯嘴滴壶浇水，以免水洒落在星球属仙人掌的绒毛上。

休眠期可每月数次喷雾，根据不同的品种适当地调整次数。

选对土壤和肥料，
多肉就会肥肥的

与普通的花草和庭院树木相比，多肉更喜欢排水良好的土壤。在生长期施肥可以帮助多肉顺利长壮。

小粒鹿沼土

鹿沼土是适合培育大多数多肉的土壤和肥料组合。它本身是细小的颗粒，排水性能优良，多肉即便根部纤细也可以轻松地扎根。

处于通风条件不好的龙舌兰属、块根类、刺尖锐的仙人掌和大株植物，可以使用以下土壤配比方式。鹿沼土选用小粒，这样更适合那些喜欢排水性能良好的多肉。

大粒鹿沼土

基本的土壤组合是用赤玉土和鹿沼土混合搭配改良土壤结构和肥力

推荐赤玉土和鹿沼土组合作为基础土壤，这种土壤组合可以把多肉养得很肥壮。以前我们主要使用河沙和山砾石，但使用赤玉土和鹿沼土的组合更宜于不同品种的多肉生长。下文中的土壤配比不仅适合各种多肉植物，也适用于仙人掌。

推荐土壤组合配比

赤玉土	:	鹿沼土	:	轻石	:	生物肥料	:	碳化稻壳	:	沸石	:	蛭石
4		2		1		1		1		0.5		0.5

多肉培育常用花土以及改良材料

基本用土

赤玉土（小粒）

火山灰的红土经过筛分后的土壤，呈弱酸性，具备优良的透气性、保水性、保肥性。

轻石（小粒）

将轻的火山砾石打碎。因为是多孔质，所以排水好，也具备一定的保水性。

鹿沼土（微粒）

栃木县鹿沼生产的一种轻石。它具有酸性强，具备透气性和保水性。

鹿沼土（小粒）

小粒鹿沼土。与微粒相比，它的排水性更为优良，适合喜爱干燥的多肉。

鹿沼土（中粒）

中粒鹿沼土。用作盆底土。干燥后变白，所以有助于判断是否应该浇水。

鹿沼土（大粒）

大粒鹿沼土。适合块根类、仙人掌等大型品种种植，移栽到大盆里时可用作盆底土。

改良材料

沸石（3mm）

多孔质矿物，掺入土壤中有助于净化水，也可以当作铺面石使用。

碳化谷壳

低温熏烤稻壳使其碳化。把它掺入花土里不仅可以净化土壤，也可以抑制土壤的酸性。

蛭石

高温烧制矿石后的产物。它有助于软化花土，也是十分好用的播种用土。

巧用市面上出售的"仙人掌、多肉植物营养土"

市面上售卖的仙人掌、多肉植物用土大多适用于种植仙人掌，排水性能过于强大，所以不太适合多肉植物使用。往这种营养土中掺入20%左右的赤玉土（小粒），加入肥料，多肉会长得非常旺盛。

市面上出售的仙人掌、多肉植物营养土

+

赤玉土（小粒）
20%

+

适量肥料

在生长期、栽种期和移栽期施肥 >>>

多肉的家乡在沙漠、瓦砾地等土壤贫瘠的地区，所以即便肥料很少也能生长。如果在休眠期或者半休眠期施肥，则可能会伤根，导致植物枯萎。红叶品种发色不再鲜亮，色泽暗沉，这一点需要特别注意。所以，最好在多肉处于栽种期或者生长期时将肥料掺入土壤里，要注意，有机肥和化肥要分开使用。

有机肥

利用微生物，使有机物质发酵、成熟的固态肥料。掺入栽种的花土里作为底肥。

缓效化肥

化学合成的肥料，除了氮、磷酸、钾之外，还会掺杂一点溶解的矿物质。可以作为施底肥或追肥时使用。

栽种或者移栽时，捏一小撮肥料放入有底土的花盆中，覆盖土壤，避免植物根部直接接触肥料，之后再种植多肉。

<<< 在多肉1~2年移栽一次时，往花土里掺入缓效化肥

每1~2年要对处于生长期的多肉进行栽种或者移栽，此时捏一小撮缓效化肥掺入盆土里，效果会十分明显。不过需要注意的是，尽量在多肉即将进入生长期或者是处于生长期时施肥，不要在休眠前或者生长缓慢期施肥。

在生长期，使用具有速效性的液肥、活力剂追肥 >>>

相对于肥性效果长期低效且持续的固态肥料，液肥、活力剂更具速效性。液肥用水稀释后倒入喷壶里，喷洒在植物上便能轻松地给处于生长期的多肉追肥。稀释的浓度要比规定的配比更低，要间隔施肥。活力剂的使用方法与其相同。

把液肥和活力剂放入喷壶里用水稀释，给处于生长期的多肉追肥，休眠期不施肥。

多肉植物意外地喜爱肥料

多肉植物虽然原生于水分、营养不充足的沙漠地区，但却意外地喜欢肥料。如果在生长期施肥，它们会充分吸收并旺盛生长。一般是有机肥搭配花土基肥，根据植物品种和生长方式的不同，可以添加缓效肥料或者液肥。

便于培育的
花盆和工具

多肉植物基本是盆栽，选择适合栽种多肉的雅致花盆来养多肉吧。选择顺手、适合的培育工具会使日常的管理变得更为轻松、快乐。

图1 赤陶花盆（盆身有涂料）要注意盆身的优良透气性而引起的土壤干燥。
图2 仙人掌类的植物推荐使用塑料盆种植。
图3 雅致的陶盆，能增添培育多肉的乐趣。

易于培育多肉植物的塑料盆、陶器、粗陶盆、赤陶盆 >>>

塑料盆外观时尚，培育简单，效果也很好，而且盆身轻巧、便于移动。特别适合种植仙人掌，温和的根部环境使它们长得更加茁壮。塑料盆能够使盆土温度较快地上升。当然，陶器、粗陶盆、赤陶盆也可以

培育多肉，但是要在对花盆的特性加以了解后再使用。素烧花盆（泥盆、瓦盆）中的土干燥得特别快，所以管理时需要格外费心。

<<< 推荐使用底孔较大的盆，盆托中不要存水

选择花盆时，如果大小相同，那么建议选择底孔较大的。很多花盆配有漂亮的盆托，每次浇完水都必须把盆托里留存的水倒掉。如果存水被置之不理，就会导致烂根，还会伤及植株。

有盆托的花盆，盆托中的水必须倒掉。

有底孔的陶盆，很适合种植多肉，外观也很雅致。

没有底孔的器皿要使用沸石垫底，并且要对浇水水量进行管理 >>>

在没有底孔的器皿中培育多肉时，需要改善排水性能才能把多肉养得茁壮。如果使用的器皿盆底没有孔，根部的环境潮湿，会导致烂根等问题。在你特别想使用没有底孔器皿的情况下，为了使积存在盆底的水不导致烂根，并且清洁，可以铺上沸石，高度能遮盖住盆底即可，上面放入花土后再种植多肉。严格地控制浇水水量，积水的水位在离盆底的1/3处即可。

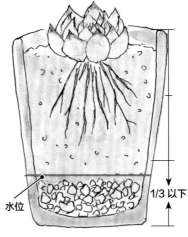

水位

1/3以下

沸石是多孔质矿物，可以净化水质、控制湿度，特别是可以作为根部防腐剂使用。

図1 塑料花盆，种有植物的左盆直径约7.5cm，右盆直径约10.5cm。

图2 把植株放在要移栽的盆的上方比对，确认花盆尺寸是否合适。

<<< 需要移栽时，移栽盆要比目前种植用的盆直径大两指

植物长满盆或者从盆底孔能看见根部时就代表要移栽了。选择比目前种植的盆直径大两指的盆移栽。每1~2年移栽一次，这样株形会变得紧凑，多肉也能顺利生长。

顺手、适合的小型培育工具 >>>

培育多肉时会经常用到剪刀、镊子、铲桶，等等。移栽时用大镊子拿取仙人掌，去除腐叶以及叶子之间的垃圾时应使用细长的中型镊子。当种植或者移栽时（从7.5cm移至10.5cm的盆中），推荐使用小型细长的铲桶。金属丝用来支撑没扎根的芽叶。

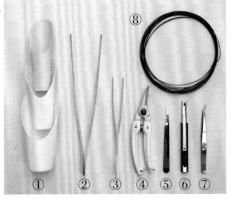

① 细长的小型铲桶，用起来十分便利。根据花盆大小改变铲桶的尺寸，这样种植的过程更轻松。② 大镊子用来拿取仙人掌。③ 中型细长镊子非常万能。④ 剪刀。⑤ 刀子。⑥ 切刀。⑦ 小型镊子。⑧ 盆栽专用细金属丝。

上方是适用于剪切块根类多肉的弯头修枝剪刀。下方是便于移栽、插芽的直头花枝剪刀。

<<< 根据培育植物的种类准备好称手的剪刀

当需要修剪生长快速、枝粗的块根类多肉时，可以选择弯头修枝剪刀。当对于小型多肉移栽、分株、插芽，或者需要穿过杂乱的茎枝，进行间苗，把细根切分时，可以使用直头花枝剪刀。刀刃不锋利会加重手的负担，所以一定要选择称手的剪刀。

使用盆栽专用金属丝支撑插芽或分株后的苗 >>>

进行分株、插芽时，为了支撑还没有生根的芽叶，需要利用金属丝将芽叶固定在盆中，支撑它们快速扎根。还没有扎好根的芽叶如果摇晃，不仅不利于扎根，还会影响其生长。等1~2个月扎根稳固后便可以解开金属丝。

直径1.5mm的盆栽专用铝丝。强度适宜，易于剪断和弯曲。

根据芽叶大小截下适合的长度，弯成U形。

把铝丝挂在叶子、植株的凹处，插入花土里固定植株。

多肉植物的移盆和扩盆

为了更好地培育多肉，此处介绍两种方法。一种是将根土团打散，大致整理后移栽，即"移盆"；另一种是不打散根土团，直接换至更大的盆中，即"扩盆"。

拟石莲花属桃太郎的移栽

多肉植物的移盆

移栽多肉时可选择它们休眠期的后期到生长期的前期这段时间。将根部剪切，留下约 1/3 的粘连一点花土的根系，种植到新的花土里。

准备：直径 10.5cm 的塑料花盆、鹿沼土（中粒）、多肉植物花土、沸石（小粒）、铲桶、小镊子、杀虫剂（DX 杀虫剂）[⊖]、多肉（桃太郎）

1 把株苗从花盆中取出，打散根土团，留下约 1/3 的黏连一点花土的根系。

2 把残留在根部的腐烂叶子去除干净，否则会引起病虫害。

3 整理根部，去除细长的根、腐烂的根，把原根保留约 1/3。

4 把鹿沼土均匀地铺在直径 10.5cm 的塑料花盆盆底，约 2cm 高即可，上面倒入 2cm 高的花土。

5 放入约 0.5g 的杀虫剂，补填花土。

6 单手支撑住植株，补填花土。

7 表面薄薄地铺上一层沸石，土壤表面距离盆边高约 1cm 左右。

8 稍微压实花土。

⊖ DX 杀虫剂是新型烟碱类杀虫剂，其成分为噻虫胺，特点是高效、安全、高选择性。

拟石莲花属 桃太郎的扩盆

多肉植物的扩盆

　　多肉在整个生长期都可以扩盆。做法是在不打散根土团的条件下，移至比原盆大一圈的花盆里。

准备：直径 10.5cm 的塑料花盆、鹿沼土（中粒）、多肉植物花土、沸石（小粒）、铲桶、小镊子、杀虫剂（DX 杀虫剂）、多肉（桃太郎）

① 把株苗从花盆中整体取出，不要打散根土团。

② 把鹿沼土均匀地铺在直径10.5cm的塑料花盆盆底，约2cm高即可，上面再倒入 2cm 高的花土。

③ 放入约0.5g的杀虫剂，补填花土。

④ 放入一小撮缓效化肥，再次补填少量花土。

⑤ 单手支撑住植株，补填花土，之后在表面薄薄地铺一层沸石。

移盆或者扩盆后要将水浇透，直至底孔留出清澈的水

　　给移盆或者扩盆后的多肉浇水时，需要把混杂在花土里的"尘土"洗干净，这样才能改善花土的排水性和透气性。大量地浇水，把花土浸透，同时利用水的压力清除尘土。

移盆或者扩盆后首次浇水要浇足，去除尘土。

当流出的水成褐色时，再次浇足量的水。

当底部留出清澈的水时，浇水工作即完成。

多肉植物的
各种繁殖方法

多肉植物可以通过各种方法进行繁殖。生长期较适宜繁殖，植株被分割得越细小，生长的时间越长。对于初学者来说，将带根的植株进行"分株"更便于繁殖。

托盘中是正在培育的肉黄菊属多肉的幼苗。即便是同时播种，生长速度、形状也是各式各样。

分株

把带根的幼苗从母株中剥离，种植到其他花盆中。

上图是十二卷属的分株图。虽然用手也能分离，但最好还是用切刀从上端割开。

上图是长生草属的分株图。把生长在母株周围的子株连根拔掉更易成活。

砍头

对于扇状仙人掌，可用切刀切割足球团扇。

对于纸刺属的长刺武藏野，要从变细的枝节部分切割，再繁殖。

对于仙人掌等多肉植物，可用切刀从变细的地方切开，或者切断茎枝，晾干后再使其生根。

扦插

扦插适用于木化的大戟科和块根类多肉时，可以切下一部分分枝用作扦插。

大戟科的麒麟花，可切下部分枝条用作扦插繁殖，切口会流出白色液体，需要用水清洗干净。

插芽

插芽繁殖的简单程度仅次于分株。切断叶子已经展开的茎部，晾干后插入土壤。

为拟石莲花属插芽时，尽量把茎部留得长一些，晾干切口后插入土壤里。

将挺拔的景天属茎部带根系剪切，种植到花土里能迅速扎根。

播种

十二卷属、仙人掌等多肉植物可以播种繁殖，采集好种子应立即播种。

把十二卷属的种子播撒在湿润的蛭石上。

约2周便能发芽，图中是过了3个月后的状态，本叶已经鼓起来了。

叶插

景天属、拟石莲花属可以将摘下的叶子放在花土上，使其自然地生根，长成株苗。

摘下景天属多肉的叶子，放置在明亮背阴的干燥花土上。

3周后就可以看到它生根，发芽。

多肉越夏和越冬的注意事项

顺利地让多肉植物度过夏季和冬季是培育多肉的难点。夏季高温潮湿且闷热，冬季寒冷、干燥，多数多肉品种需要采取相应的防护措施。

下图是用于越夏的温室。对于不耐强光的多肉，可以利用遮阳网对强光进行调节。利用白色遮阳网可以将强光变成柔光。

风扇

夏季放置多肉的地方保持良好的通风条件是非常重要的，除了开窗通风，还可以利用风扇改善通风效果。

黑色遮阳网

对于斑纹等容易晒伤叶片的多肉品种，使用黑色遮阳网调节光照，使其接近于明亮且半阴处的光照环境。

白色遮阳网

有利于把直射光调节成较和的光照。调整覆盖的张数能够调整光亮程度。

‹‹‹ 越夏时改善通风条件、利用遮阳网调节阳光的强度

对于在夏季生长的多肉品种来说，大多数是十分耐热的，但湿度过大，会导致植株受损。移至通风良好的地方，或者利用风扇改善通风条件。

夏季光照强烈，阳光过强会晒伤多肉叶子。对于不耐强光的品种，可以遮上遮阳网或者移至明亮的半阴处培育。

冬型、春秋型的多肉在夏季会进入休眠期，或者生长变得缓慢，应放置在半阴处培育，保持良好通风，节制浇水。

尽量不要把花盆放在阳台地面上，最好放在通风的台架上 ›››

如果把花盆放在水泥地面上，那么多肉便会受水泥吸收的辐射热能的影响而更加闷热，所以应尽量放置在通风的台架上，避开空调室外机吹出的热风。除此之外，如果只能把多肉放置在水泥地面上，那么用塑料网格隔热也是一种防止闷热的方法。

在阳台的地面铺上塑料网格，盆与盆之间保持一定间隔，以此保证通风。也可以在台架上并排摆放花盆专用托盘。

越冬时，应把多肉放置在室内向阳的窗边，或者在户外利用简易大棚御寒

多肉植物的茎和叶中储有大量水分，所以在冬季上冻后，容易被冻伤，甚至冻死。冬季要把多肉放置在室内向阳的窗边，或者移入简易大棚里御寒。

耐寒的景天属、长生草属白天可以放置在室外的向阳处。在冬季较温暖的地区，拟石莲花属可以放置在户外向阳或者有房檐的棚架下越冬。对于仙人掌等夏型品种，有暖气的温室温度不低于5℃，而对于不耐寒的多肉，必须为它们办暖气，耗费一定物资，保证最低温度不低于10℃。

右图是大型的简易棚。在商店中可以买到小型的简易棚，双层塑料膜可以提升保温效果。

白天时的通风换气

不论是温室还是简易棚，冬季的白天温度和湿度都会变得较高。晴朗的白天最好进行通风换气。

黑色遮阳网

黑色遮阳网吸热较快，如上图放在简易温室的侧面可以提高保温效果。

夏型块根类多肉和仙人掌在温室中理想的越冬温度是10℃以上。

上图是我的鹤仙园总店的温室，根据季节的变化而调整防护设施，现在屋顶上铺着黑色遮阳网。

<<< 夏型块根类多肉和仙人掌类多肉的理想越冬方式——温室培育

对于不耐寒的夏型块根类多肉和仙人掌，冬季最低的培育温度要保持在5~10℃。除了非常寒冷的山区，平原地区最好放置在可以调节温度和湿度的温室内培育。如果移入室内，最好放置在不受暖气影响的明亮窗边，保持良好的通风条件。

混栽的秘诀和种植方法

每一种多肉植物都有自己的个性，叶色、形状也富于变化。如果是特性相似的同类，可以进行混栽。精选花盆的颜色、形状制作专属于自己的独特混栽吧。

冰玉、姬胧月和景天属多肉的混栽盆。它们特性相似易于混栽。

选择生长期相似并且苗壮的多肉品种

混栽种植多肉植物时，要选择生长期、培育方法相似的多肉植物。比如，用在春秋季生长的拟石莲花属作为主株，可以搭配苗壮的景天属、青锁龙属等同样是春秋生长型的多肉植物，组成混栽盆。

混栽的幼苗数选3、5、7这样的奇数，成品会更好看

用于混栽的幼苗数量选3、5、7等奇数，便于把植株紧凑地种植在一起。种植时，让株苗表面的土壤高度一致，外观会显得整洁。花盆和植物的叶色要相互搭配，可以添加1株红叶多肉或者装饰小石子，使混栽变得更加可爱、雅致。

多肉植物混栽的制作方法

最好在多肉植物的生长期进行混栽，避开休眠期和即将进入半休眠的时间段。

准备：花盆（直径12.5cm）、鹿沼土（中粒）、多肉植物花土、沸石（小粒）、桶铲、小镊子、盆底网、火山岩（适于辅面）、杀虫剂（DX杀虫剂）苗：景天属乙女心、景天属虹之玉、景天属春萌、千里光属大弦月城、生石花属白色花纹玉，各1盆。

① 根据底孔的大小剪切出合适的盆底网，铺在上面。

② 把鹿沼土当作根土团放入盆中，约2cm高即可。

③ 盆中再放入花土，2cm高即可。

④ 盆中放入1g左右的杀虫剂。

⑤ 盆中补填花土。

⑥ 调整花土高度，离盆边高约1cm即可。

⑦ 考虑株苗、火山岩的摆设位置，进行布局。

⑧ 把株苗从软盆中拔出，观察根土的状态。

⑨ 根土太过硬实，可以打落 1/2 的土壤，松缓根部。

⑩ 把所有株苗布局好后，单手扶住幼苗补填花土。

⑪ 补填好花土后，轻轻地拍击花盆，使花土瓷实。

⑫ 观察整体搭配是否协调，用小镊子对植物朝向、高度进行微调。

⑬ 搭配火山岩。火山岩不是轻放在花土上，而是压入土壤中固定。

⑭ 表面铺上沸石。不仅不会闷到植物，也能增加美化效果。

混栽制作完成后需要立即浇水

混栽制作完成后需要立即浇足量的水。一直浇至盆底流出清澈干净的水。第一次浇水可以把盆中的尘土洗出去，改善土壤的排水性，有助于植株之后的生长。

1 用温和的水流浇足量的水。

2 如果流出的水是浑浊的，就需要多浇几次，直至干净的水流出。

从左上角顺时针排列，依次是景天属的乙女心、景天属的虹之玉、景天属的春萌、千里光属的大弦月城、生石花属的白色花纹玉，5 种株苗混栽。

多肉植物的 病虫害对策

与花草蔬菜相比，多肉很少有病虫害。
了解常见的病虫害症状，尽早发现、尽早治疗。

病虫害以防治为主，关键是喷洒杀虫剂和早期发现

对于病虫害一定要积极防治，这样可以有效预防植株生病。主要的害虫有蚜虫、粉虱、根粉介壳虫等吸汁害虫和夜盗虫等食叶害虫。在种植或者移栽时，推荐在花盆中放入粒状渗透扩散性杀虫剂。

蚜虫 春秋季多发。以病毒为媒介，排泄物会引起煤污病。

粉虱 体长1～2mm，从盆底钻入，寄生在根部，吸汁繁殖。繁殖能力强大。

根粉介壳虫 秋季多发，如果通风条件差或者日照不足，全年都会出现。根粉介壳虫难以驱除。

煤污病 发病原因是蚜虫、介壳虫的排泄物，繁殖出黑色烟尘状霉菌。

夜盗虫 老龄幼虫会变成茶褐色，夜间行动，但幼龄时会在白天成团咬食叶子。

多肉植物防治病虫害小窍门

对于吸汁害虫以及夜盗虫等，在种植或者移栽时，往花土里撒上渗透扩散性杀虫剂便能基本防治。
块根类多肉预防病虫害时，在春秋季以及移入温室之前，使用喷雾式杀虫剂可以对害虫易寄生的叶子、新芽起到防治作用。

叶螨、蚜虫主要多发于春秋季。对于块根类多肉来说，喷雾式杀虫剂用起来会十分方便。在移入温室前喷洒，基本可以防治虫害。

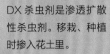

DX杀虫剂是渗透扩散性杀虫剂。移栽、种植时掺入花土里。

放入杀虫剂后再补填点花土，然后种植幼苗，避免杀虫剂直接接触根部。

叶螨 体长约0.5mm，是蜘蛛的同类，虫害原因主要是因为夏季在室内培育时浇水少。叶螨从叶子中吸汁，导致叶面出现斑斑点点的痕迹。

导致多肉植物生病、发育不良的原因是过湿、闷热、日照不足

多肉植物生病主要原因之一是过湿。种植在排水良好的土壤里，放置在通风场所，生长缓慢期以及休眠期节制浇水，这样可以防治大部分疾病。

<<< 烂根

受寒、根部长满花盆、土壤排水性能不好、闷热等容易出现烂根的现象。

软腐病 **>>>**

因茎叶受损、害虫咬食、吸汁而被细菌侵入，变得腐烂恶臭。在梅雨季和汛期多发。

挑战
嫁接和繁育

将不同种类的仙人掌嫁接到一棵植株上，或者通过植物的繁育，衍生出新品种。现在我们来挑战更有难度的多肉种植技能吧。

把象牙丸锦嫁接到龙神木仙人掌上。龙神木作为基底，繁殖能力变得更加旺盛。

红花团扇作为基底，嫁接上花朵美丽的白檀仙人掌和阿兰达的杂交品种，可以加速生长并且开花。

仙人掌的嫁接方法

把生长迟缓但颜色、花朵漂亮的仙人掌嫁接到生长旺盛的柱形仙人掌上。4~5 月是嫁接的适宜时期。

准备：棉质绗缝线（适量）、切刀、仙人掌苗柱（足球团扇、龙神木）

1 取出需要嫁接的足球团扇，从生长点下方的 1cm 处进行切割。

2 用切刀切去作为基底的龙神木的顶端。

3 切口径长 1.5～2cm。

4 保留中心的白色部分，像削铅笔一样削得尖尖的。

5 把步骤 1 中切下的足球团扇的切口重新削得扁平。

6 同样地，把步骤 4 中的龙神木的切口削得扁平。

7 用来嫁接的两种仙人掌的截面大小一致，嫁接面要平整。

8 确认两种仙人掌的截面是否完全贴合在一起。如果不平整，需要重新切割进行调整。

9 上下左右缠绕绗缝线，固定住两种仙人掌使其无法移动。需要注意的是，缠得过紧的话作为基底的仙人掌会弯曲。

10 从上至下一圈圈地缠线，使连接面更加紧密。

11 立在花盆中，放置在晴朗的通风半阴处晾晒 2~3 天。10 天后解开线，种植到装有花土的花盆里。

图1 闪耀着黑色光泽的十二卷属楼兰。我们可以通过杂交培育出梦想中的十二卷属。

图2 十二卷属雪豹。叶子表面有玻璃质粒子，里侧有圆圆的窗体，所以表面闪闪发光，十分美丽。（培育自鹤冈秀明）

十二卷属的繁育

可爱的十二卷属开花后，可以通过繁育培养出新品种，之后播种培育。开花期的4~10月是繁育的适宜时期。

准备：小镊子，多肉植株苗：同时期开花的十二卷属各1盆

1 去除即将开花的花瓣。

2 去除另一株上已经开谢的花瓣，露出雄蕊。

3 把图2的雄蕊花粉在图1的雌蕊上摩擦数次进行授粉。

4 几周后，子房膨胀证明授粉成功。

5 剪下2cm左右的塑料吸管，罩在子房上，以防种子飞散。

6 外荚变成褐色后结种。

7 一个荚里面有5~15个种子。

8 收集好种子，以免种子散落。

9 采集好种子立即播种更利于发芽。把种子播撒在湿润的蛭石上。

10 制作一个带有通气口的盖子，使花盆保持适当的湿度，放置在凉爽的背阴处。

11 1~3周发芽。发芽后放置在明亮的背阴处培育，避免幼苗缺水。

多肉植物的故乡

　　大多数多肉植物都原生于少雨、温差大的恶劣环境中。因此，茎叶、根部可以储存水分和营养成分。为什么它们的组织会这样发达呢？让我们去多肉植物的故乡一探究竟吧，了解它们出生地的环境，可以帮助我们更好地培育多肉。

南非

从番杏科到块根类多肉，多数稀有植物都生于这里

　　肉锥花属、露子花属等番杏科类、大戟科、块根类、芦荟等多种多样的多肉植物和球根植物都原生在南非，所有多肉植物爱好者会对这里着迷。特别是纳马夸兰地区，它毗邻纳米比亚共和国，这里生长着独一无二的多肉植物，也因此闻名世界（图片拍摄于2001年——鹤冈贞男）。

因"光堂"而闻名的棒槌树属，笔直地耸立在南非的纳马夸兰。

青锁龙属的玉稚儿是群生的，和周围的砂砾十分相似。

在瓦砾混杂的岩石地区，露子花属绽放着鲜艳的花朵。这是大家熟知的松叶菊。

芦荟属的阿修罗可以长到10m高。远远便能看见它黄色的花朵。茎部像一个大桶，储有大量水分。

十二卷属的玉扇只有叶窗部分露在土壤上方，其余部分都埋在土壤里。

肉锥花属的雨月群生。南非有大量的肉锥花属多肉，开花期到来时花朵会成片地开放。

非洲鬼铁杉长有大且美丽的叶子，十分显眼。

九头龙，形态令人联想到希腊神话中的美杜莎。

智利

全世界的仙人掌爱好者都梦想到达的阿塔卡马沙漠

智利位于南美大陆上，地形狭长。而纵横智利北半部的阿塔卡马沙漠作为仙人掌龙爪球属等品种的原生地而闻名世界。

这里几乎全年无雨，据说它们依靠吸收温差产生的露水和海水蒸发出的水分所形成的雾气生存（图片大约拍于2002年——鹤冈贞男）。

高高耸立在蓝天下的柱形仙人掌像是要冲破天际一般，旁边圆圆的是智利球属仙人掌。

智利球属极光丸原生于混杂着砂砾的岩石地区。直径约25cm。

全世界的仙人掌爱好者都向往的阿塔卡马沙漠里密密麻麻地长满了龙爪球属恐龙丸，那里是它们的原生地。它们昂头仰望着藏蓝色的天空，大海上飘起了一层层薄雾，多像幻想中的情景。

第二章

多肉植物的种植日历和指南

本章介绍了景天科、番杏科、仙人掌科、芦荟科、大戟科和块根类等多肉植物。

对它们的性质、培育方法进行简洁的介绍，便于大家识别理解。

（此部分依据植物学分类系统中的 APG 系统⊖）

A

按照属名分类（包括隶属科名）、主要的生长地区、适合培育的生长期、根的类型，培育难易程度（3 个星级，★越多代表越难培育）。

B

该品种多肉植物的特点以及培育小建议。

C

详细介绍了多肉植物整年的生长周期以及对应时期的状态、培育适宜期、浇水小窍门等。

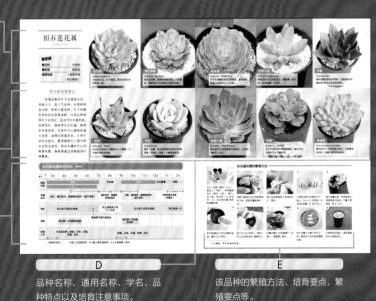

本书介绍的植物多养育在日本关东平原地区。读者可以根据培育环境灵活调整。日本关东地区气候与中国秦岭—淮河以北沿海地区气候相似。关东平原以西地区气候与中国秦岭—淮河以南的东南沿海地区气候相似。

D

品种名称、通用名称、学名、品种特点以及培育注意事项。

E

该品种的繁殖方法、培育要点、繁殖要点等。

⊖ APG 系统是由被子植物系统发育研究组建立的被子植物分类系统。

景天科

莲花掌属
Aeonium

资料

景天科	加那利群岛、北非等地区
春秋型（接近冬型）	细根型
难易程度	★★略难

特点和培育要点

叶子像花朵一样长在茎部顶端，形状如同莲座丛一般。不喜欢闷热天气，特别是梅雨时节和夏季，一定要在通风良好的地方培育。注意避开淫雨⊖，放置地点务必多费心思。冬季霜冻后会伤及多肉，移放至屋檐下或者简易温室等温暖的地方。最低温度不宜低过5℃。日照不足叶色会暗淡无光。徒长时，要砍头，切掉的茎部晾干后使其生根，再种植。

黑法师

Aeonium arboreum atropurpureum 'Schwarzkopf'
颜色高级的黑色叶子魅力十足，相当受欢迎。放置在阳光充足、通风良好的地方培育，有望长成大株。

黑法师锦

Aeonium arboreum var. rubrolineatum
叶子是浅紫色中略带褐色，深紫色的斑纹如同扎染一般美丽大方。

艳日伞

Aeonium arboreum f. variegata
有淡黄色的晕纹，是人气品种之一。在有晕纹的品种中属于比较容易培育的种类。

紫羊绒

Aeonium 'cashmere violet'
与黑法师相似，但叶子偏圆，分枝也多，莲座丛很紧凑。

莲花掌属的培育日历　春秋型（接近冬型）

条目 月	3月	4月	5月	6月	7月	8月	9月	10月	11月	12月	1月	2月
植株状态	生育				生育缓慢	休眠		生育				休眠
	开花						放置在向阳避雨、防霜冻的室外或者简易温室（白天通风）里，不要低于5℃					开花
放置地点	向阳、通风良好的室外（避开淫雨）★				通风良好、可以避雨的室外 ★★			向阳、通风良好的室外（避开淫雨）★				
浇水	花土变干后把水浇透				每月浇1~2次，保持花土略干			花土变干后把水浇透				每月浇1~2次，保持花土略干
施肥	每月施一次较稀的液肥							每月施一次较稀的液肥				
培育工作	移栽、分株、播种、扦插、砍头 ▲							移栽、分株、播种、扦插、砍头 ▲				

▲喷洒杀虫剂　★盖上白色遮阳网　★★盖上黑色遮阳网

⊖ 连绵不停的过量的雨。

明镜

Aeonium tabuliforme

生有细小的纤毛，叶子呈鲜亮的绿色，茎部短，莲座丛随着生长不断变大。

小人祭

Aeonium sedifollum

直立的茎部长有小小的叶子，聚集在一起生长。是景天科中的小型植株。

爱染锦

Aeonium domesticum f. variegata

含有锦斑的叶子魅力十足，但不耐热、不耐寒，培育难度略大。夏季注意遮阳。

伊达法师

Aeonium ' Green Tea'

叶子的色调雅致大方。也俗称为"绿茶"。

登天乐

Aeonium lindleyi

肉厚，呈深绿色的莲座丛使其外观变得美丽迷人，分枝多。

清盛锦

Aeonium urblcum f. variegnta

有黄色斑纹，边缘呈粉红色。夏季置于阴凉通风处，避免潮湿闷热。

Point

修剪、整理

对于像黑法师、小人祭一样茎部呈树丛状生长的多肉植物，我们要修剪、整理它们的形状。剪掉的部分等切口变干后插入瓶中便能生根繁殖。

适宜整理的时期是回暖的初春或者初秋夜间气温开始下降的时候。在夏季、冬季休眠期即便修剪，多肉也不会发芽，有时还会伤根、枯萎。请参照培育日历选择适合整理的时期。

1 从顶端用剪刀剪下长长的茎部。剪掉的部分可以进行插芽繁殖。

2 一段时间后，从切口的下方会长出新芽，开枝散叶。

明镜锦

Aeonium tabuliforme f. variegnta

明镜的斑纹品种，奶油色的斑纹呈不规则分布。植株很矮，注意避免闷热潮湿。

天锦章属
Adromischus

资料

景天科	南非、纳米比亚等地区
春秋型	粗根型 + 细根型
难易程度	★ 容易培育
	（部分略难）

特点和培育要点

鼓鼓的叶子上分布着充满个性的花纹，色调也丰富多彩，外观富有魅力。原生于干燥的沙漠地带，所以培育要点是全年保持干燥。放置场所要避免直接淋雨。夏季需要费心管理，避免阳光直射。放置在通风的阴凉干燥处或者对其遮阳，稍显干燥后就要断水。秋季的生长初期易于繁殖，推荐芽插、叶插。比较耐寒，冬季挪至屋檐下或者使用简易温室保护。

长叶天章

Adromischus filicaulis
叶子上个性的花纹是它的魅力所在。夏季移放在半阴处或者对其进行遮光，春秋季要充分沐浴阳光。注意通风。

大疣紫朱玉

Adromischus marianiae var. *herrei* 'Red Dorian'
紫红色的表面长有凹凸不平的小叶子。夏季和冬季断水，每月喷雾 1~2 次即可。

丸叶翠绿石

Adromischus herrei 'Green Ball'
表面凹凸，夏季和冬季断水，每月喷雾 1~2 次即可。

圆叶天章

Adromischus subdistichus
圆圆的叶子相互连接，紫红色中略带点褐色。夏季控制浇水，放置在通风的半阴处。

天锦章属培育日历 春秋型

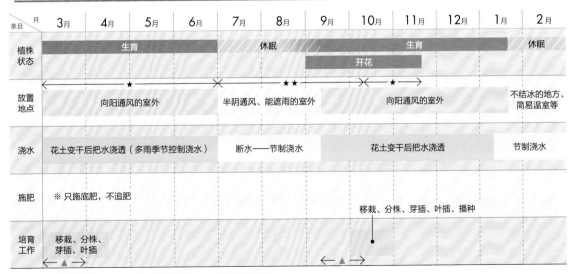

条目	3月	4月	5月	6月	7月	8月	9月	10月	11月	12月	1月	2月
植株状态		生育				休眠			生育			休眠
							开花					
放置地点		向阳通风的室外 ★			半阴通风、能遮雨的室外 ★★			向阳通风的室外 ★			不结冰的地方、简易温室等	
浇水	花土变干后把水浇透（多雨季节控制浇水）				断水——节制浇水		花土变干后把水浇透				节制浇水	
施肥	※ 只施底肥，不追肥											
培育工作	移栽、分株、芽插、叶插						移栽、分株、芽插、叶插、播种					

▲ 喷洒杀虫剂　　★ 盖上白色遮阳网　　★★ 盖上黑色遮阳网

瓦松属
Orostachys

资料

景天科	中国、日本、俄罗斯等
冬型	细根型
难易程度	★★ 容易培育
	（部分略难）

特点和培育要点

　　不耐闷热，所以要放置在通风处培育。特别是夏季要节制浇水或者断水。比较耐寒，冬季不上冻的地区可以放置在屋檐下或者地面培育。像爪莲花这种日本原生的有斑纹品种比较娇气，夏季和冬季要控水。开过花的植株会枯萎。秋季开花，花茎长，开的花朵数量多。除了四周长出的子株，还可以剪切掉长在匍匐茎顶端的子株来繁殖。

爪莲华
Orostachys japonica
原生于阳光充足的岩石地带，秋季花茎长，开出许多白色的花。

子持莲华
Orostachys boehmeri
冬季地下部分会休眠，地上部分会枯萎，春季重新发芽。匍匐茎的顶端会长出子株。

子持莲华锦
Orostachys boehmeri f. variegata
子持莲华有黄色的晕纹，夏季要移放在半阴处或者遮光，节制浇水。冬季也要节制浇水。

富士
Orostachys iwarenge 'Fuji'
岩莲华有白色晕纹。不宜过湿，所以要注意通风和排水。开过花的植株会枯萎。

瓦松属培育日历　冬型

条目＼月	3月	4月	5月	6月	7月	8月	9月	10月	11月	12月	1月	2月
植株状态	生育				休眠		生育					休眠
					开花							
放置地点	★ 向阳、通风良好的室外				★★ 半阴、通风良好、可以避雨的室外			★ 向阳、通风良好的室外			防霜冻的地方或者简易温室	
浇水	花土变干后把水浇透（多雨季节控制浇水）				断水～节制浇水		花土变干后把水浇透				节制浇水	
施肥	※只施底肥，不追肥											
培育工作	移栽、分株、芽插、叶插						移栽、分株、扦插、播种					

▲喷洒杀虫剂　　★盖上白色遮阳网　　★★盖上黑色遮阳网

拟石莲花属
Echeveria

资 料

景天科	中美洲
春秋型	细根型
难易程度	★容易培育
	（部分略难）

花月夜
Echeveria pulidonis
叶尖有红边，叶子偏蓝。黄色的花朵如同铃铛一般。

苯巴蒂斯
Echeveria 'Ben Badis'
是杂交品种，其绿色素雅别致。小型植株，圆圆的叶子从根到叶尖逐渐发紫。

特点和培育要点

玫瑰花般的叶子呈莲座丛状，美丽大方，是人气品种。从原种到杂交种，种类丰富多样。叶子的颜色和形状也多种多样，许多品种秋季叶子会变红，还会开出可爱的花。品种苗壮，春秋季生长旺盛，推荐初学者培育。在室外可以避雨的地方培育，选择向阳通风处。日照不足时会徒长。夏季植株中心部分积水会伤及多肉，积有水滴时可以用吸管吹散。春秋季通过芽插或者叶插繁殖。

乌木
Echeveria 'Ebony'
尖尖的三角形叶子看起来十分靓丽。叶边有红黑色的线条。

雪莲
Echeveria lauii
圆叶，肉厚，特点是表面有层纯白的蜡质层。耐强光、耐寒，不喜高温多湿。

拟石莲花属培育日历　春秋型

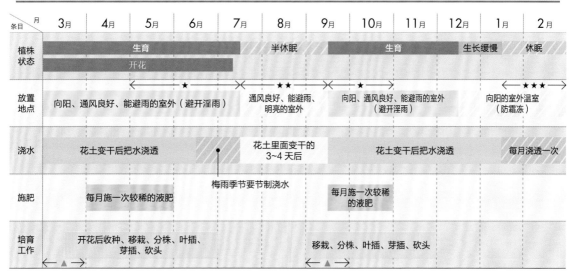

条目	3月	4月	5月	6月	7月	8月	9月	10月	11月	12月	1月	2月
植株状态	生育					半休眠		生育		生长缓慢		休眠
	开花											
放置地点	向阳、通风良好、能避雨的室外（避开淫雨）				★	通风良好、能避雨、明亮的室外 ★★		向阳、通风良好、能避雨的室外（避开淫雨） ★			向阳的室外温室（防霜冻） ★★★	
浇水	花土变干后把水浇透					花土里面变干的3~4天后		花土变干后把水浇透			每月浇透一次	
				梅雨季节要节制浇水								
施肥	每月施一次较稀的液肥						每月施一次较稀的液肥					
培育工作	开花后收种、移栽、分株、叶插、芽插、砍头						移栽、分株、叶插、芽插、砍头					

▲喷洒杀虫剂　　★盖上白色遮阳网　　★★盖上黑色遮阳网　　★★★夜晚移入室内

棕玫瑰

Echeveria 'Brown Rose'
叶子从苔绿色渐变为茶褐色，富有韵味，莲座丛的形状也十分匀称。

杜里万莲

Echeveria tolimanensis
棒状的叶子在顶部变尖，覆盖着一层白粉。品种强健，开花多。

古紫

Echeveria afinis
夏季放置在通风的半阴处，注意避免闷热。春秋季日照充足会变成深紫色。

晚霞之舞

Echeveria 'Neon Breakers'
紫色的叶边带有鲜艳的深粉色，远远地便能引人注目。

中路

Echeveria 'Midway'
叶子中央区域不规则地隆起，富有个性。注意叶子上不要积水。

青渚莲

Echeveria setosa var. *minor*
青色的叶子上带有细小绒毛。不耐夏季的闷热，放置在通风的半阴处。

拟石莲花属的繁殖方法

准备：花盆（直径 7.5cm）、鹿沼土（中粒）、多肉植物花土、沸石（小粒）、剪刀、培土瓶、杀虫剂（DX 杀虫剂）苗：拟石莲花属 海宾格瑞桑切斯

1

用剪刀剪掉生长在母株周围的子株。茎部尽量留得长一些。

2

细心地去除茎部上受损的叶子、茎枝。

3

从根部去除不协调的叶子，留出1.5cm 以上的茎部。在半阴处放置1天，晾干切口。

4

倒立放置花盆，利用盆底孔洞使茎部立起来，尽量不要弯曲，晾 2~3 日。

5

把中粒鹿沼土均匀地铺在盆底，高约 2cm 即可。

6

放入约2cm 的花土，再放入约0.5g 的杀虫剂，填满花土。

7

扶着步骤 4 中的插穗⊖一边填土，表面铺上沸石。

8

晾干步骤 3 中摘下的叶子，放入装有花土的花盆里便能生根。

9

子株种好后浇水，浇至清澈的水从盆底流出。

⊖ 插穗，用手扦插的枝条。

广寒宫

Echeveria cante
可长成直径约为30cm的大型植株。叶子表面覆盖有白霜，秋季时绿色的叶子会变红。

吉娃莲

Echeveria chihuahuaensis
叶子为黄绿色且带有白霜，肉厚。中型，叶尖带有粉色。

翡翠之星

Echeveria agavoides'Jade Star'
浅紫色的叶子富有光泽，随着生长渐变成接近苔绿色的颜色。

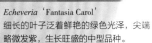

幻想颂歌

Echeveria'Fantasia Carol'
细长的叶子泛着鲜艳的绿色光泽，尖端略微发紫，生长旺盛的中型品种。

芙蓉雪莲

Echeveria'Laulindsayana'
叶子带有白霜，绿色中夹杂着粉色。夏季开橘色花朵。注意避免过于潮湿。

特玉莲

Echeveria runyonii'Topsy Turvy'
鲁氏石莲花的变种，叶子反向扭曲，形状奇特。品种生长旺盛。

绿色微笑

Echeveria'Green Smile'
苔绿色中透着紫红色，叶子色调丰富，生长迟缓。是小型品种。

福祥锦

Echeveria'Hanaikada' f. *variegata*
花筏的斑纹品种，黄色斑纹呈不规则分布，色调丰富。

圣诞东云

Echeveria'Christmas'
花月夜和东云的杂交品种。别名圣诞。

火唇

Echeveria'Fire Lip'
明亮的绿色叶子富有光泽，层层重叠。
花如其名，叶边发红。是中型品种。

野玫瑰之精

Echeveria'Nobaranosei'
小巧玲珑的叶子呈青绿色，是中型品种。
避免闷热便能旺盛生长。

高砂之翁

Echeveria'Takasago No Okina'
叶子为荷叶边形，秋季开橘色的花，变成
红叶也相当漂亮。大型品种，直径可以达
到约30cm。

花筏锦

Echeveria'Hanaikada' f. *variegata*
苔绿色的叶子泛些许灰色，表面有着紫
红色的花纹，色彩独特。注意通风。

白凤

Echeveria'Hakuhou'
日本培育出的杂交种，青绿色的叶子透
着一点浅浅的粉色。

茜牡丹

Echeveria racemosa
如果春秋季放置在通风良好向阳处，夏
季就会开出粉色的花。是大型品种。

卡罗尔

Echeveria'Carol'
黄绿色的叶子表面生有白色的纤细绒
毛。注意避免闷热，放置在通风处培育。

麒麟座

Echeveria'Monocerotis'
深绿色的叶子表面透出紫色，淡黄色的斑纹
不规则地分布在叶面上。叶边呈紫红色。

纸风车

Echeveria'Pinwheel'
小型植株，直径约为5cm，株形紧凑。
叶子呈密实的莲座丛状。

相府林

Echeveria‘Poririnze’
林赛和相府莲的杂交品种。从叶尖到叶面边缘生有红边，叶肉肥厚。

尼瓦利斯（音译）

Echeveria‘Nivalis’
覆盖着一层白霜，叶子带有青色，叶尖泛紫红色。夏季注意避免闷热。

水晶月影

Echeveria‘Crystal’
小型品种，直径约10cm，株形小巧玲珑。是月影和花月夜的杂交品种。

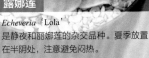
露娜莲

Echeveria‘Lola’
是静夜和丽娜莲的杂交品种。夏季放置在半阴处，注意避免闷热。

彩虹

Echeveria‘West Rainbow’
紫珍珠的斑纹品种。略微不耐夏季闷热。

黑爪

Echeveria cuspidata var.‘Pink Zaragozae’
叶子内侧和边缘略带粉色，魅力十足。叶子中心不要积水。

Point

如果水积在叶子中间，用吹管吹散

拟石莲花属是叶子从中心分散的莲座丛状，有时植株中央区域会积水。水一直聚集在此处便会伤及多肉，甚至会导致多肉生病。特别要注意在生长期以外的夏季和冬季时，遇到积水情况，需要使用吸管吹散积水。

1

浇水后，水会积在植株中心区域。

2

用吸管吹散积水，这种方法可以把水滴去除得十分干净。

罗西玛

Echeveria longissima var. *longissima*
小型、纤细的原种。夏季被阳光直射会出现焦叶现象。叶边呈深紫色。

玉蝶锦

Echeveria 'Lenore Dean' f. *variegata*

晕纹雅致靓丽，秋季叶边会从绿色变为粉色。注意避免闷热和强光。

诺巴金

Echeveria 'Nobajin'

花和神和诺瓦海莲娜的杂交品种。丰满的叶子表面覆盖着一层薄薄的白霜。

摩氏石莲

Echeveria moranii

高山属性，不耐热，夏季放置在通风的半阴处，节制浇水。

纸风车的革命

Echeveria pinwheel f. *revolution*

叶子反向扭曲，形态独特。是纸风车的突变品种。

墨西哥巨人

Echeveria colorata 'Mexican Giant'

花如其名，成熟后会长成直径约为30cm的巨树。植株周围容易长出子株。

鲁宾

Echeveria 'Robin'

小红衣和雪莲的杂交品种。植株生长旺盛时，容易长出子株。

沙漠之星

Echeveria 'Desert Star'

雅致的绿色中带点灰色，然后渐变为高雅的紫色，叶边有许多细小的褶皱。

冰玉

Echeveria 'Ice Green'

是雪莲和厚叶月影的杂交品种。绿色的叶子十分透亮，秋季红叶期会变成粉色。

昂斯诺

Echeveria onslow

中型品种，莲座丛十分整齐匀称。不耐闷热，放置在通风的半阴处，略微实施干燥管理。

伽蓝菜属
Kalanchoe

资 料

景天科	马达加斯加岛等地区
夏型为主	粗根型（部分细根）
难易程度	★★容易培育
	（部分略难）

大叶落地生根
Kalanchoe daigremontiana
叶子边缘长有小子株，以此繁殖。不耐闷热，夏季要放置在通风处。

黄金月兔耳
Kalanchoe tomentosa 'Golden Girl'
表面覆盖着黄色的细小绒毛，看起来十分显眼。叶边较薄且不规则。冬季温度保持在5℃上。

特点和培育要点

　　主要分布在马达加斯加岛，此外也出现在南非、东非地区、印度、马来半岛、中国等地区。此品种不太耐寒，冬季休眠期要放置在温室或者简易大棚里保护，温度不可低于5℃，断水或者每月喷雾2次。温度降到10℃以下的春季也会开花。其中一些品种的叶子上锯齿部分有生长点，从此处可以繁殖出子株。

仙人之舞
Kalanchoe orgyalis
原产于马达加斯加岛。叶子呈椭圆形，密密麻麻地长着褐色细毛。注意通风。生长迟缓。

巨人月兔耳
Kalanchoe tomentosa 'Giant'
喜阳，夏季避免阳光直射，注意通风，避免过湿。冬季气温较低时断水。

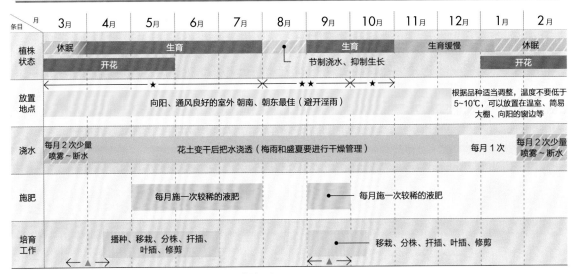

伽蓝菜属培育日历 夏型为主

条目	3月	4月	5月	6月	7月	8月	9月	10月	11月	12月	1月	2月
植株状态	休眠	生育					生育		生育缓慢		休眠	
	开花					节制浇水、抑制生长					开花	
放置地点	★		向阳、通风良好的室外 朝南、朝东最佳（避开淫雨）			★★		★	根据品种适当调整，温度不要低于5~10℃，可以放置在温室、简易大棚、向阳的窗边等			
浇水	每月2次少量 喷雾～断水		花土变干后把水浇透（梅雨和盛夏要进行干燥管理）							每月1次	每月2次少量 喷雾～断水	
施肥			每月施一次较稀的液肥				每月施一次较稀的液肥					
培育工作		播种、移栽、分株、扦插、叶插、修剪					移栽、分株、扦插、叶插、修剪					

▲喷洒杀虫剂　　★盖上白色遮阳网　　★★盖上黑色遮阳网

修行悟空

Kalanchoe tomentosa 'Songokuu'
茶色的绒毛十分讨喜。夏季注意避免阳光直射、过于潮湿、闷热。

月兔耳

Kalanchoe tomentosa
原产于马达加斯加岛。叶边有褐色虚线。冬季温度保持在 5℃ 以上，节制浇水。

泰迪熊

Kalanchoe tomentosa 'Teddy Bear'
夏季避免兔阳光直射，放置在向阳通风处进行干燥培育。

伽蓝菜属的繁殖方法

准备：数个花盆（直径 7.5cm）、鹿沼土（中粒）、多肉植物花土、沸石（小粒）、剪刀、铲桶、杀虫剂（DX 杀虫剂）、生根粉 苗：伽蓝菜属 月兔耳

1

用剪刀剪掉生长在母株周围的子株。茎部尽量留得长一些。

2

从切口会再次长出子株，所以要露出母株的切口使其干燥。

3

趁着切掉的子株切口还未干，沾满生根粉。

4

对于长度不够插入土壤的子株或者下叶不匀称的子株，可以横着把每片叶子摘下。

5

趁着步骤 4 中摘下的下叶切口还未干时也沾上生根剂。

6

晾干子株和下叶的切口。放置在通风的半阴处 3~4 日。

7

把鹿沼土均匀地铺在盆底，高约 2cm 即可。底孔大，可使用盆底网。

8

放入高约 2cm 的花土。

9

再放入约 0.5g 的杀虫剂，填满花土。

10

单手扶着步骤 6 中的子株，填土。

11

表面铺上沸石。

12

准备好填有蛭石和花土的花盆。

13

把步骤 6 中晾干的下叶放置在步骤 12 的盆土上，慢慢便会自然生根。

14

种好后立即把水浇透。步骤 13 的叶子生根后也要种植浇水。

福兔耳

Kalanchoe eriophylla
原产于马达加斯加岛，别名白雪公主。它开出的花粉粉嫩嫩惹人爱怜。生长较迟缓。冬季温度保持在 5℃ 以上。

紫武藏

Kalanchoe humilis
原产于南非。丰富的花纹既独特又引人注目。它属于小型植株，横向生长。夏季注意防闷热、冬季注意御寒。

冬红叶

Kalanchoe grandiflora'Fuyumomiji'
在日照充足的秋季会变成橘色。开黄色花朵。冬季节制浇水，温度保持在 5℃ 以上。

千兔耳

Kalanchoe millotii
原产于马达加斯加岛。绿色的叶子上覆盖着纤细的绒毛，红叶期变为褐色。注意通风。

白银之舞

Kalanchoe pumila
生长周期与其他的不同，是冬型。带有白霜的叶子相当讨喜。春季开粉花。

不死鸟

Kalanchoe 'Phoenix'
狭长的叶子上有着丰富的纹路。子株从叶边生出。日照不足时叶子会暗淡无光。

Point

伽蓝菜属的奇特之处，
从叶子的生长点冒出子株

在伽蓝菜属中，有的品种它们的生长点位于叶子的锯齿部分，叶插后子株会从生长点冒出来，以此繁殖。而大地落叶生根、不死鸟、落地生根等品种，叶子长在母株上时便能繁殖出大量子株。

子株不耐日本夏季的闷热，置之不理的会腐烂化水、枯萎。想要繁殖子株时，要等子株长到 2~3cm 时再从母株上剪切下来，种植在小瓶或者小花盆里，放置在通风、明亮的半阴处，使用排水性好的花土。

1

刚进入生长期的子宝弁庆草。叶子的凹陷处有生长点。

2

一到夏季，会有大量子株从叶子的生长点冒出来。

青锁龙属
Crassula

资料	
景天科	非洲南部和东部等地区
春秋型（接近冬型）	细根型
难易程度	★★容易培育
	（部分略难）

特点和培育要点

主要原生于非洲地带，形态富于变化，拥有多肉质的叶子，是多肉植物具有代表性的一族。品种不同，其生长型也不同，最多的是接近冬型的春秋型，也有品种接近夏型。它们的特性也不一，有的耐高温，有的则不耐高温。需要放置在通风处，夏季避免阳光直射，实施干燥管理。如果是关东平原以西的温暖地区，可以放置在朝南或者朝东的屋檐下、阳台等处培育。

龙宫城
Crassula 'Ivory Pagoda'
春秋型。叶子表面覆盖着白色微细绒毛，短短的叶子叠加在一起向上生长。夏季冬季节制浇水。

茜之塔
Crassula capitella
春秋型。如果放置在向阳通风处培育，叶色会十分鲜亮。春季开白花。

青娜塔
Crassula 'Estagnol'
春秋型。放置在避免高温多湿、通风处培育。夏季节制浇水，在半阴处培育。

大型绿塔
Crassula pyramidalis
春秋型。比绿塔粗壮。放置在明亮通风的半阴处培育，夏季浇水。秋冬季防霜冻。

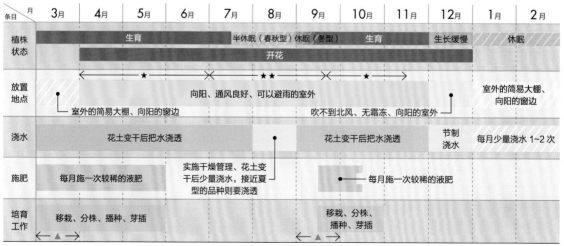

青锁龙属培育日历　春秋型（接近冬型）部分品种接近夏型

条目　月	3月	4月	5月	6月	7月	8月	9月	10月	11月	12月	1月	2月
植株状态	生育					半休眠（春秋型）休眠（冬型）		生育		生长缓慢	休眠	
	开花											
放置地点	室外的简易大棚、向阳的窗边		★	向阳、通风良好、可以避雨的室外		★★		★	吹不到北风、无霜冻、向阳的室外		室外的简易大棚、向阳的窗边	
浇水	花土变干后把水浇透						花土变干后把水浇透			节制浇水	每月少量浇水 1~2 次	
施肥	每月施一次较稀的液肥				实施干燥管理、花土变干后少量浇水，接近夏型的品种则要浇透		每月施一次较稀的液肥					
培育工作	移栽、分株、播种、芽插						移栽、分株、播种、芽插					

▲喷洒杀虫剂　★盖上白色遮阳网　★★盖上黑色遮阳网

近冬型 玉稚儿、玉椿、稚儿姿、神丽、方塔、红数珠、小夜衣、绿塔

夏型 玉树等

纪之川

Crassula 'Moonglow'
春秋型。夏季避免阳光直射，节制浇水，
保持良好通风。冬季防霜冻。

方塔

Crassula 'Kimnachii'
春秋型。夏季放置在通风半阴处，节制浇水，
盛夏断水。寒冬时节也最好断水。

方塔锦

Crassula 'Kimnachii' f. *variegata*
春秋型。有黄色的斑纹，顶端发粉。和方塔
一样夏冬要费心管理。

绒针

Crassula mesembrianthoides
春秋型。放置在向阳通风处实施干燥管
理。冬季防冻。

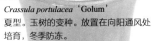

筒叶花月

Crassula portulacea 'Golum'
夏型。玉树的变种。放置在向阳通风处
培育，冬季防冻。

数珠星

Crassula 'Baby's Necklace'
春秋型。全年放置在向阳通风处培育，节
制浇水。冬季防霜冻。

Point

**剪切群生植株
进行插芽**

青锁龙属的大部分多
肉品种，其母株周围会长
出许多子株，群生繁殖。
分开子株也可以繁殖，在
进入生长期的初春和初
秋，从根处剪下侧边长出
的茎，通过插芽也可以轻
松繁殖。切口晾干后插入
花土里便能慢慢生根。

长出了许多侧芽的青娜塔用剪刀在茎的中段
剪切，用作插芽繁殖，这样也可以减轻母株
的闷热感。

银色春光

Crassula 'Silver Springtime'
春秋型。它是两个强健品种的杂交种，
易于培育。喜阳，但盛夏也要稍加遮光。

玉稚儿

Crassula arta

春秋型。除盛夏以外的时节要放置在向阳通风的室外培育。节制浇水。

方鳞绿塔

Crassula pyramidalis var. compactu

春秋型。绿色的叶子紧实地重叠在一起，主株周围会长出子株，群生。春季开白花，带有芳香。

稚儿姿

Crassula deceptrix

春秋型。喜阳，夏季放置在通风半阴处管理。盛夏寒冬要节制浇水。

巴

Crassula hemisphaerica

春秋型。夏季遮光并减少浇水。生长略微迟缓。春季开白色小花。

大角玉树

Crassula portulacea 'Big-horn'

夏型。筒叶花月的变种，叶形独特。放置在向阳通风处培育，冬季防冻。

火祭

Crassula capitella

春秋型。品种强健，可以放置在室外向阳处培育。非寒冷地区可以在室外越冬。红叶期相当漂亮。

姬花月

Crassula avata

夏型。根部易腐烂，要实施干燥管理。放置在通风处培育，冬季防冻。

姬绿

Crassula muscosa var. pseudolycopodiodes

春秋型。叶子纤细，不耐夏季闷热，避免阳光直射，注意通风。插芽便可繁殖。

菲戈索尼娅（音译）

Crassula fergusoniae

春秋型。喜阳，夏季避免阳光直射，放置在明亮的半阴处。冬季实施干燥管理。

梦椿

Crassula pubescens

春秋型。放置在向阳通风处培育时，叶子会富有光泽。夏季遮光并减少浇水。

星乙女

Crassula perforata

春秋型。夏季过湿会烂根，注意避免强光直射。叶子上不要积水。

舞乙女

Crassula 'Jade Necklace'

春秋型。夏季避免阳光直射，放置在通风半阴处，节制浇水，避免闷热。

青锁龙

Crassula muscosa f.

春秋型。耐热耐寒，插芽便可繁殖。梅雨时节要费心管理，冬季避免过湿。

南十字星

Crassula perforata f. *variegata*

春秋型。盛夏放置在通风半阴处，节制浇水，插芽便可繁殖。

毛海星

Crassula sp. transvaal

春秋型。夏季过湿会烂根，注意避免强光直射。红叶期时叶子会变紫红色。

梦殿

Crassula cornuta

春秋型。不太耐寒，冬季要防霜冻。夏季避免阳光直射。

雪绒

Crassula remota

春秋型。放置在向阳通风处实施干燥管理。冬季注意防冻。

若绿

Crassula lycopodioides var. *pseudolycopodioides*

春秋型。比较耐热耐寒，注意防霜冻。日照不足会徒长。

风车草属
风车景天属

Graptopetalum
Graptosedum

资 料

景天科	墨西哥等地区
夏型为主	细根型
难易程度	★容易培育
	（部分略难）

特点和培育要点

许多品种的叶子展开呈莲座丛状，茎长。在温暖地带的露天培育中可以经常看到胧月等品种。它们在全年向阳、通风的架子上可以旺盛生长。品种喜阳，强健、易于培育。部分品种不耐夏季的高温多湿，姬秋丽、醉美人等品种夏季要减少浇水，实施干燥管理。风车景天属是风车草属和景天属的杂交品种。

胧月

Graptopetalum paraguayense
耐热耐寒，注意防霜冻，品种强健，在室外也可以培育。春季开花。

醉美人

Graptopetalum amethystinum
放置在向阳通风处培育，夏季节制浇水，实施干燥管理。日照不足会徒长。

秋丽

Graptosedum 'Francesco Baldi'
是胧月和景天乙女心的杂交品种。品种强健易于培育，可在室外培育。

姬胧月

Graptosedum 'Bronze'
交配的原种有胧月。红叶期时的颜色会变得更深。

风车草属、风车景天属培育日历 春秋型

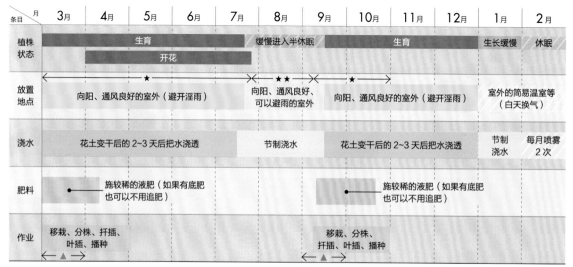

条目 　月	3月	4月	5月	6月	7月	8月	9月	10月	11月	12月	1月	2月
植株状态	生育					缓慢进入半休眠		生育			生长缓慢	休眠
		开花										
放置地点	★ 向阳、通风良好的室外（避开淫雨）					★★ 向阳、通风良好、可以避雨的室外		★ 向阳、通风良好的室外（避开淫雨）			室外的简易温室等（白天换气）	
浇水	花土变干后的 2~3 天后把水浇透					节制浇水		花土变干后的 2~3 天后把水浇透			节制浇水	每月喷雾2次
肥料		施较稀的液肥（如果有底肥也可以不用追肥）						施较稀的液肥（如果有底肥也可以不用追肥）				
作业	移栽、分株、扦插、叶插、播种						移栽、分株、扦插、叶插、播种					

▲喷洒杀虫剂　　★盖上白色遮阳网　　★★盖上黑色遮阳网

杂交属
Graptoveria

白牡丹
Graptoveria 'Titubans'
丰满的白色叶子是其魅力所在。耐寒，易分枝，长大后枝条会垂下来。

白牡丹锦
Graptoveria 'Titubans' f. *variegata*
白牡丹的斑纹品种。秋季变为浅粉色。注意避免因夏季闷热、阳光直射所导致的焦叶。

<table>
<tr><td>**资 料**</td><td></td></tr>
<tr><td>景天科</td><td>墨西哥等地区</td></tr>
<tr><td>春秋型</td><td>细根型</td></tr>
<tr><td>难易程度</td><td>★容易培育</td></tr>
</table>

特点和培育要点

　　风车草属和拟石莲花属的属间杂交品种。它们比风车草属更强健、更结实、更易于培育，但不耐闷热。特别是在夏季，必须通风良好。叶子呈莲座丛状，肉厚，叶色别有韵味，色泽靓丽可爱。像白牡丹这样的品种十分强健，甚至可以全年室外培育。芽插、叶插皆可繁殖，在生长期操作即可。

初恋
Graptoveria 'Huthspinke'
叶子呈浅粉色，红叶期粉色会更加透亮，比较耐寒，易于培育。

玛格丽特
Graptoveria 'Margarete Reppin'
长生草和白牡丹的杂交品种。秋季变为粉色。莲座丛协调匀称，惹人爱怜。

杂交属的培育日历 春秋型

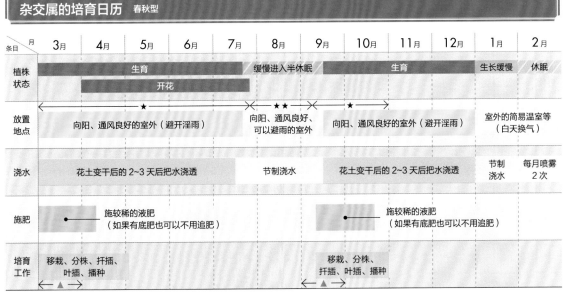

条目 \ 月	3月	4月	5月	6月	7月	8月	9月	10月	11月	12月	1月	2月
植株状态		生育				缓慢进入半休眠		生育			生长缓慢	休眠
			开花									
放置地点	★					★★		★				
	向阳、通风良好的室外（避开淫雨）					向阳、通风良好、可以避雨的室外		向阳、通风良好的室外（避开淫雨）			室外的简易温室等（白天换气）	
浇水	花土变干后的2~3天后把水浇透					节制浇水		花土变干后的2~3天后把水浇透			节制浇水	每月喷雾2次
施肥	施较稀的液肥（如果有底肥也可以不用追肥）							施较稀的液肥（如果有底肥也可以不用追肥）				
培育工作	移栽、分株、扦插、叶插、播种							移栽、分株、扦插、叶插、播种				

▲喷洒杀虫剂　　★盖上白色遮阳网　　★★盖上黑色遮阳网

银波锦属
Cotyledon

资 料	
景天科	南非等地区
春秋	细根型
难易程度	★ ★ ★ 略难

银波锦

Cotyledon undulate
叶边上下起伏，呈扇状，叶色是雅致的银灰色。注意不可以往叶子上直接浇水。

熊童子

Cotyledon ladismithiensis
胖鼓鼓的叶子尖带着点红色，是人气品种之一。不耐夏季的高温多湿，要放置在通风处。

特点和培育要点

有的叶子圆鼓鼓的，有的叶子带有红边，形态可爱，属于人气品种。生长周期为春秋型，不耐夏季的高温多湿，所以夏季要避免阳光直射，注意通风，实施干燥管理。叶插难以繁殖，在生长期繁殖时需要连着茎部一块剪切进行插芽。叶子上生有细小绒毛或者覆盖有白霜的品种，不可以直接对着叶子浇水，需要往花土里浇水。

熊童子锦

Cotyledon ladismithiensis f. variegata
熊童子的斑纹品种。夏季避免闷热和阳光直射，放置在通风的半阴处实施干燥管理。

多肉植物 Q&A

Q 可以去除叶子上的绒毛吗？

A 这样做会损伤叶子，尽量不要去除。

叶子表面生有的细毛、白霜可以保护叶子不受强光、干燥环境的伤害，所以尽量不要破坏它们。硬要去除有可能伤害到多肉。浇水时也要尽量避免直接浇在叶子上，可以浇在花土里。

银波锦属培育日历　春秋型

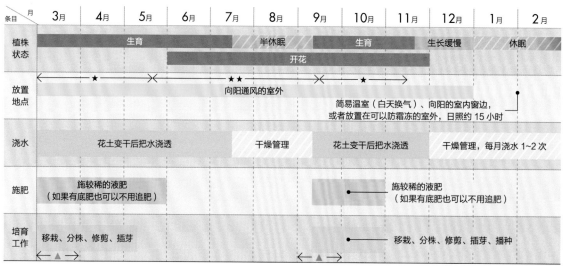

条目	月	3月	4月	5月	6月	7月	8月	9月	10月	11月	12月	1月	2月
植株状态		生育					半休眠		生育		生长缓慢		休眠	
					开花									
放置地点		★			★★			★		简易温室（白天换气）、向阳的室内窗边，或者放置在可以防霜冻的室外，日照约15小时			
		向阳通风的室外												
浇水		花土变干后把水浇透				干燥管理		花土变干后把水浇透		干燥管理，每月浇水1~2次			
施肥		施较稀的液肥（如果有底肥也可以不用追肥）						施较稀的液肥（如果有底肥也可以不用追肥）					
培育工作		移栽、分株、修剪、插芽						移栽、分株、修剪、插芽、播种					

▲喷洒杀虫剂　　★盖上白色遮阳网　　★★盖上黑色遮阳网

子猫之爪

Cotyledon ladismithiensis 'Konekonotsume'
比熊童子更小巧玲珑的品种。不耐过湿，
夏冬季实施干燥管理。

嫁入娘

Cotyledon orbiculata 'Yomeiri-Musume'
不要弄掉叶子上的霜，不要往叶子上浇
水。它的红边十分俏丽，秋季的红叶期
叶子会全部变红。

乒乓福娘

Cotyledon orbiculata 'Fukkra'
夏冬季实施干燥管理。日照不足会徒长，
春秋季要充分沐浴阳光。

达摩福娘

Cotyledon pendens
匍匐生长，开红花。夏季避免阳光直射，
放置在明亮的半阴处实施干燥管理。

Point

银波锦属的插芽繁殖，可以连着茎剪掉

银波锦属叶插难以繁殖，可以插芽繁殖。把木质化、变成茶褐色的茎部剪得长一些，从分叉的带根处插入剪刀，切口晾干后插入干燥的花土里。尽量把茎留得长一些，这是插穗的要点。

种有插芽的瓶子要放置在通风、明亮的半阴处进行培育。7~10 天后才开始浇水。

这是从母株根部长出了多条茎枝，混杂在一起的熊童子锦。通风不好便难以度夏，春季对混杂在一起的子株进行间苗并制作插穗繁殖。

银波锦属因形态肉肉的，十分可爱，所以很多被命名为可爱动物的爪子。种植在浅色花盆里，更加惹人喜爱。（图中为熊童子锦）

石莲属
Sinocrassula

资料	
景天科	中国等地区
春秋型（接近冬型）	细根型
难易程度	★★容易培育 （部分略难）

因地卡
Sinocrassula indica
小型植株，形态如同一朵小花。会长出侧芽，秋季红叶期会变成鲜红色。

云南石莲
Sinocrassula yunnanensis
中国原产，叶子狭长，莲座丛形状奇特。日照充足时颜色会变得黑亮，十分漂亮。

特点和培育要点

　　这是原产于中国喜马拉雅山地区的景天属的近缘种。原生地为寒冷的高山，所以在日本许多品种都不耐夏季的高温多湿。夏季要放置在通风处实施干燥管理。开花后植株便会枯萎，母株周围会长出子株，不断繁殖。冬季比较耐寒，但也要注意防冻，节制浇水，进行干燥管理。

石莲属培育日历 春秋型（近冬型）

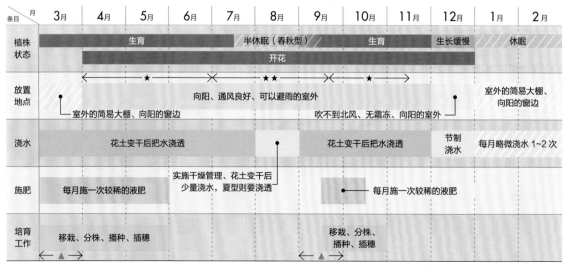

条目 月	3月	4月	5月	6月	7月	8月	9月	10月	11月	12月	1月	2月
植株状态		生育				半休眠（春秋型）		生育		生长缓慢	休眠	
		开花										
放置地点		←★→ ×←★★→ ×←★→→									室外的简易大棚、向阳的窗边	
	室外的简易大棚、向阳的窗边		向阳、通风良好、可以避雨的室外				吹不到北风、无霜冻、向阳的室外					
浇水		花土变干后把水浇透					花土变干后把水浇透			节制浇水	每月略微浇水1~2次	
施肥	每月施一次较稀的液肥			实施干燥管理、花土变干后少量浇水，夏型则要浇透				每月施一次较稀的液肥				
培育工作	移栽、分株、播种、插穗						移栽、分株、播种、插穗					

▲喷洒杀虫剂　　★盖上白色遮阳网　　★★盖上黑色遮阳网

景天属
Sedum

资料

景天科	世界各地
春秋型	细根型
难易程度	★容易培育 （部分略难）

春上
Sedum winkrelii
叶色透亮，呈小小的莲座丛状。周围繁殖有子株。叶子带点黏性。

虹之玉锦
Sedum rubrotinctum f. variegata
虹之玉的斑纹品种，秋季红叶期非常漂亮。品种强健，可以室外培育。适于混栽。

特点和培育要点

原生地分布于世界各地，种族庞大。大多数叶子是胖鼓鼓的多肉质，适于混栽，是人气品种之一。代表品种有虹之玉、虹之玉锦，特点是大多数品种在红叶期会十分美丽。生长类型是春秋型，多数品种耐寒，如果是东京等关东平原地区以西地带，可以室外培育。一些长有绒毛、叶子细长、部分具有高山属性的品种在梅雨季节以及夏季淋雨会伤及植株，最好放置在房檐下避雨。

玉莲
Sedum furfuraceum
木质化的茎上长有深绿色圆圆的叶子。叶子表面有白色细小的花纹。

劳尔
Sedum clavatum
肉厚，呈莲座丛状，长有腋芽，群生。秋季红叶期叶子顶端会变成粉色。

景天属培育日历 春秋型

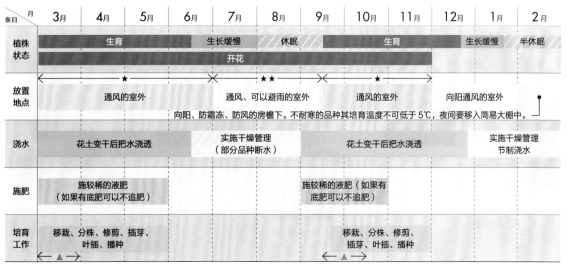

条目 \ 月	3月	4月	5月	6月	7月	8月	9月	10月	11月	12月	1月	2月
植株状态	生育				生长缓慢	休眠		生育		生长缓慢		半休眠
	开花											
放置地点	通风的室外				通风、可以避雨的室外		通风的室外			向阳通风的室外		
				向阳、防霜冻、防风的房檐下。不耐寒的品种其培育温度不可低于5℃，夜间要移入简易大棚中。							
浇水	花土变干后把水浇透			实施干燥管理 （部分品种断水）			花土变干后把水浇透			实施干燥管理 节制浇水		
施肥	施较稀的液肥 （如果有底肥可以不追肥）					施较稀的液肥（如果有 底肥可以不追肥）						
培育工作	移栽、分株、修剪、插芽、 叶插、播种						移栽、分株、修剪、 插芽、叶插、播种					

▲喷洒杀虫剂　　★盖上白色遮阳网　　★★盖上黑色遮阳网

球松

Sedum multiceps
像松树盆栽的小型景天品种。叶子密集地生长在茎部顶端。喜欢通风良好的环境。

木樨景天

Sedum suaveolens
莲座丛大得就像拟石莲花属一样，不耐夏季闷热，要避免阳光直射。

春之奇迹

Sedum 'Spling Wander'
莲座丛较小，红叶期变为紫色。春季开小巧的粉色小花。注意避免闷热。

虹之玉

Sedum rubrotinctum
品种强健，可以在室外培育，秋季的红叶期相当美丽。芽插、叶插皆能繁殖。

大姬星美人

Sedum dasyphyllum var. *glanduliferum*
姬星美人的同类，秋季的红叶期变为紫色。避免夏季阳光直射，不耐闷热。

春萌

Sedum 'Alice Evans'
明亮的黄绿色看着就很喜人，在景天属中是大型莲座丛。容易培育和繁殖。

景天科的繁殖方法

这是茎部长长的，下叶都落光的景天科恋心。从茎部又长出了根。

1

尽量把茎部留得长一些，用剪刀从根部下端剪掉。

2

把茎部过于长、徒长的植株用作插芽时，要确保留出足够的插入土壤的部分。

3

翻新剩余植株。对于茎部过于长的植株，从根部剪切，剩余1~2cm即可。

4

砍头后的母株和插穗，把3根插穗种植到装有花土的盆里，剪掉多余的茎部。

姬星美人

Sedum dasyphyllum

不耐闷热，夏季避免阳光直射。青灰色的叶子密集地长在一起。

相府莲

Sedum 'Prolifera'

肉厚，莲座丛小巧玲珑。生长迟缓，菲腋芽繁殖。夏季注意避免闷热。

旋叶姬星美人

Sedum dasyphyllum 'Major'

姬星美人的同类，又小又圆的叶子聚集在一起生长，群生植物。日照不足茎部会变得冗长。

绿龟之卵

Sedum hernandezii

日照不足时颜色会变得黯淡无光，还会徒长，喜阳，节制浇水。

长毛信东尼

Sedum mocinianum

叶子表面覆盖着又白又长的绒毛，母株周围群生着子株。夏季注意避免闷热。

Point

景天属品种强健、适于混栽

景天属品种强健，可在室外培育，也适于混栽。如果把虹之玉、虹之玉锦等品种放置在向阳、通风的室外，即便不去照顾它们，它们自己也能自然繁殖，长成大株。秋季的红叶期也相当漂亮，把多种混合培育在一起，它们会散发出宝石一般的光泽，肆意享受混栽的乐趣吧。

红叶期的虹之玉锦和虹之玉的混栽。

Point

插芽可以尽快繁殖

景天属品种强健，分株、插芽、叶插都能繁殖。如果你想快速增加株数，推荐插芽繁殖。剪切茎部，茎部留得长一些，切口晾干后插入花土里。去除土壤里面茎部相应位置的下叶，放在填有花土的花盆里，过一段时间它便会发根成苗。

玉莲茎部粗壮，呈分叉状，所以插芽极易成功。

八千代

Sedum corynephyllum

形态独特，叶子向上生长。秋季叶尖变红。夏季喜欢凉爽。

红色浆果

Sedum rubrotinctum 'Redberry'

比虹之玉小，小小的叶子密密麻麻地生长在一起。夏季注意避免闷热，节制浇水。

长生草属
Sempervivum

资料

景天科 欧洲的高山地带等地区

春秋型（接近冬型） 细根型

难易程度 ★★容易培育

（部分略难）

特点和培育要点

主要原产于南阿尔卑斯山地区，原生于欧洲，特别是俄罗斯的山岳寒冷地带。耐寒，冬季在室外也能越冬。莲座丛匀称整齐，富有魅力，遇冷时叶子会变成大红色，更加迷人。遇暖时叶子变为原来的颜色。生长期从向阳处移放至半阴处，耐旱，等花土表面变干后再浇水。浇水过多会导致烂根。关东平原以西较温暖地区可以全年放置在室外。夏季半休眠，所以略微遮光，保持凉爽即可。

红光

Sempervivum 'Aglow'
中型植株，叶数略多。叶子为苔绿色，有光泽，透亮的红色引人注目。

艾利欧尼（音译）

Sempervivum allionii
小型原种之一，原产于欧洲的寒冷地区。狭长的叶子是透亮的黄绿色。

阿罗斯（音译）

Sempervivum 'Aross'
小中型品种，红叶期细长的叶子会变为红色。子株便能繁殖，容易群生。

大红卷绢

Sempervivum 'Ohbenimakiginu'
植株略大，特色是叶尖聚集着白色棉絮。红叶期变为鲜红色。

长生草属培育日历 春秋型（近冬型）

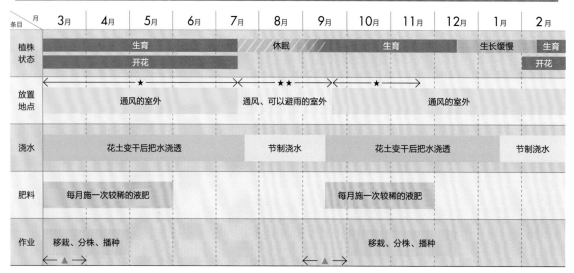

条目	月	3月	4月	5月	6月	7月	8月	9月	10月	11月	12月	1月	2月
植株状态			生育				休眠		生育			生长缓慢	生育
			开花										开花
放置地点			★			★★			★				
			通风的室外			通风、可以避雨的室外			通风的室外				
浇水			花土变干后把水浇透				节制浇水		花土变干后把水浇透				节制浇水
肥料			每月施一次较稀的液肥						每月施一次较稀的液肥				
作业			移栽、分株、播种						移栽、分株、播种				

▲喷洒杀虫剂 ★盖上白色遮阳网 ★★盖上黑色遮阳网

百惠

Sempervivum tectorum'Oddity'
姿态独特，叶子呈筒状，水分多时会
变长，干燥或者向阳会变短、变得密集。

俄亥俄酒红

Sempervivum'Ohio Burgundy'
中型植株，莲座丛匀称整齐。名字其意
义是"颜色如同美国中部的俄亥俄州生
产的葡萄酒"。

羚羊

Sempervivum'Gazelle'
通体覆盖着白色棉絮。耐寒，冬季在
室外可以越冬。红叶期变为鲜红色。

上海玫瑰

Sempervivum'Shanghai Rose'
绿色的叶子上夹杂着深紫红色的晕纹。中
型品种，叶子富有光泽，容易长出子株。

羚羊的白线相互缠绕在一起呈棉絮状，
近看也相当漂亮。

Point

长生草属分株
便能轻松繁殖

只需把直径大于2cm的子株剥
离母株便能轻松繁殖。建议选择初
春或者夜间气温下降的初秋。

1
这是母株开花枯萎，长出了许多子株
的长生草属。

2
把2cm以上的子株轻轻地连根拔取。

3
刚拔下来的子株。种植在另外装有花
土的盆里。

佐菲缇可（音译）

Sempervivum'Pacific Zoftic'
小型长生草属，肉嘟嘟的十分可爱。红
叶期变为茶褐色。产自美国。

65

仙女杯属
奇峰锦属
Dudleya
Tylecodon

资 料

景天科	中美、非洲南部阿东部等地区
冬型	细根型
难易程度	★★容易培育
	（部分略难）

特点和培育要点

仙女杯属是中美州地区原产的冬型品种。不耐夏季的酷暑闷热，所以要注意通风，实施干燥管理。夏季表面的白霜会脱落，外观变得难看，但一到秋季就会恢复到原来的靓丽的样子。奇峰锦属也是冬型。夏末夜温下降时开始生长。长出叶子后，观察它们的生长状态再开始浇水。夏季注意避免高温，保持良好通风，要几乎断水，每个月进行少量（2次）喷雾即可。

格诺玛

Dudleya gnoma
小型植株，白色的莲座丛十分雅致。不耐高温多湿，夏季放置在通风的半阴处培育。

万物想

Tylecodon reticulatus
花落后花杆仍可保持原有的造型挂在金属丝一般的叶子上，令人感到不可思议。夏季和冬季节制浇水，保持通风。

群卵

Tylecodon sinus-alexandra
叶子又圆又小，多片叶子聚集在一起生长。初夏开可爱的粉花。夏季节制浇水，保持通风。

仙女杯属、奇峰锦属培育日历　冬型

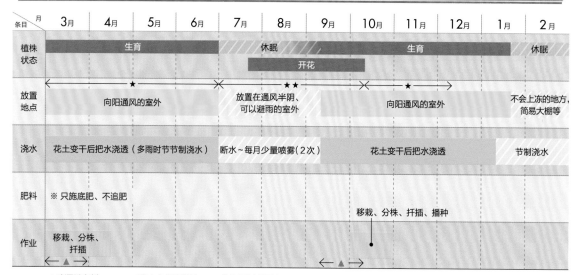

条目 \ 月	3月	4月	5月	6月	7月	8月	9月	10月	11月	12月	1月	2月
植株状态	生育				休眠			生育				休眠
					开花							
放置地点	★				★★			★			不会上冻的地方，简易大棚等	
	向阳通风的室外				放置在通风半阴、可以避雨的室外			向阳通风的室外				
浇水	花土变干后把水浇透（多雨时节制浇水）				断水~每月少量喷雾（2次）			花土变干后把水浇透			节制浇水	
肥料	※只施底肥、不追肥											
作业	移栽、分株、扦插						移栽、分株、扦插、播种					

▲喷洒杀虫剂　　★盖上白色遮阳网　　★★盖上黑色遮阳网

厚叶草属
厚叶石莲（属）

Pachyphytum Pachyveria

资料

景天科	墨西哥
春秋型	细根型
难易程度 ★容易培育（部分略难）	

特点和培育要点

厚叶草属多肉表面覆盖着白霜，叶子鼓鼓的极富魅力。生长类型是春秋型，不淋雨并且略施肥料便能裹上一层漂亮的白霜，叶子也变得圆鼓鼓的。厚叶石莲（属）是厚叶草属和拟石莲花属的属间杂交品种，耐寒，如果是关东的平原以西的温暖地带，冬季可以放置在房檐下培育。生长期放置在强光、通风处培育，这样株形才会变得紧凑。梅雨时节到夏季节制浇水，实施干燥管理，当叶子有点发皱后浇水。

群雀

Pachyphytum 'Kyoubijin'
长长的叶子略微发青，向上生长，植株整体覆盖着白霜。随着生长不断变长变高。

月花美人

Pachyphytum 'Gekkabijin'
叶宽，叶插便可繁殖。秋季红叶期变为紫色。日照不足会徒长。

紫丽殿锦

Pachyphytum 'Shireiden' f. *variegata*
紫丽殿的斑纹品种，淡紫色的叶子上有着黄色的斑纹。夏季注意避免强光直射、闷热。

月美人

Pachyphytum oviferum
星美人的园艺品种。圆鼓鼓的叶子在红叶期会变成粉红色，十分靓丽。

厚叶草属、厚叶石莲（属）培育日历　春秋型

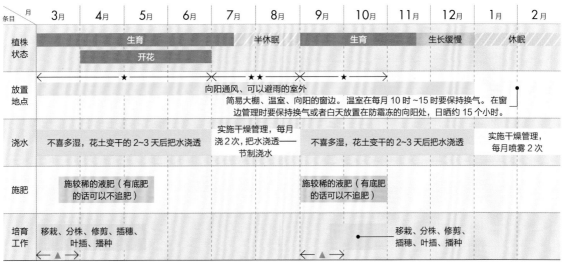

条目 \ 月	3月	4月	5月	6月	7月	8月	9月	10月	11月	12月	1月	2月
植株状态	生育				半休眠		生育		生长缓慢		休眠	
		开花										
放置地点	向阳通风、可以避雨的室外。简易大棚、温室、向阳的窗边。温室在每月10时~15时要保持换气。在窗边管理时要保持换气或者白天放置在防霜冻的向阳处，日晒约15个小时。											
浇水	不喜多湿，花土变干的2~3天后把水浇透			实施干燥管理，每月浇2次，把水浇透——节制浇水			不喜多湿，花土变干的2~3天后把水浇透			实施干燥管理，每月喷雾2次		
施肥	施较稀的液肥（有底肥的话可以不追肥）						施较稀的液肥（有底肥的话可以不追肥）					
培育工作	移栽、分株、修剪、插穗、叶插、播种						移栽、分株、修剪、插穗、叶插、播种					

▲喷洒杀虫剂　　★盖上白色遮阳网　　★★盖上黑色遮阳网

桃美人

Pachyphytum'Momobijin'
是叶子肉厚的代表品种之一。秋季红叶期变为浅粉色。品种强健，但夏季要保持环境凉爽。

婴儿指

Pachyphytum'Baby Bingo'
原产于墨西哥，小小的叶子成群地聚集在一起。叶尖呈浅紫色。注意避免高温多湿。

星美人

Pachyphytum oviferum
叶子上覆盖着白霜。生长期稍加施肥即可，日照充足便不会徒长。

蓝黛莲

Pachyveria glauca
青绿色的叶子在红叶期时，叶尖就会变成胭脂红色。夏季注意避免闷热，保持良好通风。

◦多肉植物 Q&A

Q 修剪时如何才能不蹭掉白霜？

A 轻轻地扶住下方不醒目的叶子。

　　厚叶草属的白霜一蹭就掉，有损美观。进行移栽等修剪护理等工作时，轻轻地捏着长在植株下方不醒目的叶子。也可以用小镊子夹住茎枝。

粉色回忆

Pachyveria'Lesliei'
粉紫色的叶子非常雅致，到了红叶期红色会加深。品种强健，冬季可以放置在屋檐下培育。

魔南景天属
Monanthes

资料

景天科	加那利群岛等地区
冬型	细根型
难易程度	★★容易培育

特点和培育要点

主要原生于非洲的加那利群岛，小巧的多肉质叶子密集生长在一起。原生在潮湿背阴的悬崖、峭壁上。耐寒，反射后的阳光不强的寒冬以外时节能在室外培育。不耐日本夏季的高温多湿，一般被认为难以培育，但如果放置在通风的半阴处培育，也没有想象中的那么困难。春秋季的生长期要多浇水。夏季多肉容易因浇水而变得潮热，所以要放置在凉爽的半阴处培育，节制浇水。

香蕉魔南

Monanthes anagensis
属于山地性的多肉品种，色泽透亮的黄绿色叶子略带褐色，密集地生长在一起。注意保持排水和通风。

淡色魔南

Monanthes pallens
夏季要避免阳光直射，避免闷热，放置在通风、凉爽的半阴处培育。每2~3年进行一次移栽。

魔南景天

Monanthes brachycaulon
刮刀似的小叶子聚集在一起呈莲座丛状。表面长有极细碎的绒毛，开小花。

瑞典魔南

Monanthes polyphylla
小小的叶子极富光泽，密集茂盛。夏季注意避免闷热和阳光直射。

魔南景天属培育日历 冬型

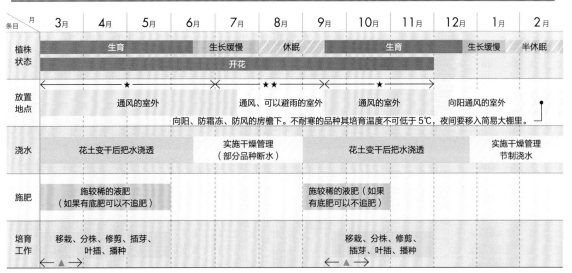

条目 \ 月	3月	4月	5月	6月	7月	8月	9月	10月	11月	12月	1月	2月
植株状态	生育				生长缓慢	休眠	生育				生长缓慢	半休眠
	开花											
放置地点	通风的室外				通风、可以避雨的室外		通风的室外			向阳通风的室外		
	向阳、防霜冻、防风的房檐下。不耐寒的品种其培育温度不可低于5℃，夜间要移入简易大棚里。											
浇水	花土变干后把水浇透				实施干燥管理（部分品种断水）		花土变干后把水浇透			实施干燥管理 节制浇水		
施肥	施较稀的液肥（如果有底肥可以不追肥）						施较稀的液肥（如果有底肥可以不追肥）					
培育工作	移栽、分株、修剪、插芽、叶插、播种						移栽、分株、修剪、插芽、叶插、播种					

▲喷洒杀虫剂 ★盖上白色遮阳网 ★★盖上黑色遮阳网

瓦莲属
Rosularia

资料

景天科	北非和中亚等地区
春秋型（接近冬型）	细根型
难易程度	★☆容易培育
	（部分略难）

特点和培育要点

此品种分布于北非到亚洲的阿尔泰山山脉间，是长生草属的近缘种。长生草属的花瓣分开，但瓦莲属的花朵呈筒状。它属于小型品种，繁殖能力强，母株周围群生有大量子株，像半球形一样向外繁殖。不耐夏季闷热，放置在通风的半阴处节制浇水。生长期要保证日照充足，花土表面变干后再浇水。

艾多美（音译）

Rosularia 'Atomy'
莲座丛型的叶子呈灰绿色，叶尖透着雅致的紫色，周围群生着子株。夏季注意避免闷热。

卵叶瓦莲

Rosularia platyphylla
喜马拉雅原产的高山品种，表面长有纤细的绒毛。秋季叶子变红。夏季实施干燥管理。

瓦莲属培育日历　春秋型（近冬型）

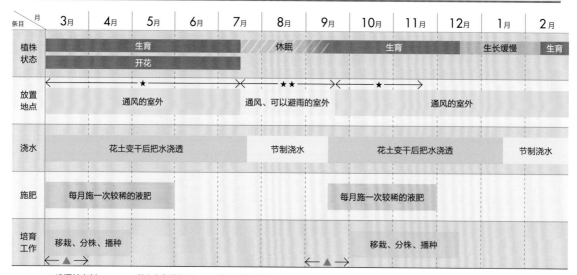

条目＼月	3月	4月	5月	6月	7月	8月	9月	10月	11月	12月	1月	2月
植株状态	生育					休眠		生育			生长缓慢	生育
	开花											
放置地点	通风的室外		★		通风、可以避雨的室外 ★★			通风的室外 ★				
浇水	花土变干后把水浇透					节制浇水		花土变干后把水浇透			节制浇水	
施肥	每月施一次较稀的液肥						每月施一次较稀的液肥					
培育工作	移栽、分株、播种						移栽、分株、播种					

▲喷洒杀虫剂　　★盖上白色遮阳网　　★★盖上黑色遮阳网

番杏科

露草属
珊瑚虫属
Aptenia
Smicrostigma

花蔓草锦

Aptenia cordifolia f. *variegata*
叶子上有白色斑纹，整个夏季都开有粉花。品种强健，耐热。注意防霜冻。

樱龙木属

Smicrostigma viride
姿态独特，鳞片似的枝叶呈丫字形向上生长。开粉花，容易培育。

资料

番杏科	南非
春秋型	细根型
难易程度	★容易培育

特点和培育要点

主要原生于南非。生长类型为春秋型，比较耐寒，如果是关东平原以西的温暖地带，冬季温度不低于5℃，积极防霜冻就可以在室外越冬。繁殖能力强。露草属的绿色叶子十分透亮，具有独特光泽。斑纹品种不太耐寒。整个夏季都会开花。珊瑚虫属的姿态别致，秋季到冬季枝头会变成红色。

露草属、珊瑚虫属培育日历 春秋型

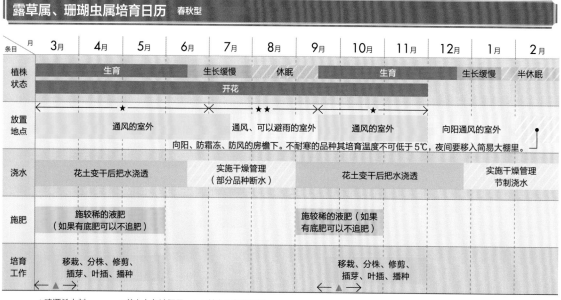

条目	3月	4月	5月	6月	7月	8月	9月	10月	11月	12月	1月	2月
植株状态	生育			生长缓慢		休眠		生育		生长缓慢		半休眠
	开花											
放置地点	★ 通风的室外				★★ 通风、可以避雨的室外		★ 通风的室外			★ 向阳通风的室外		
					向阳、防霜冻、防风的房檐下。不耐寒的品种其培育温度不可低于5℃，夜间要移入简易大棚里。							
浇水	花土变干后把水浇透				实施干燥管理（部分品种断水）		花土变干后把水浇透			实施干燥管理 节制浇水		
施肥	施较稀的液肥（如果有底肥可以不追肥）						施较稀的液肥（如果有底肥可以不追肥）					
培育工作	移栽、分株、修剪、插芽、叶插、播种						移栽、分株、修剪、插芽、叶插、播种					

▲喷洒杀虫剂　　★盖上白色遮阳网　　★★盖上黑色遮阳网

唐扇属
仙宝属

Aloinopsis
Trichodiadema

资料	
番杏科	南非等地区
冬型 / 夏型	细根型
难易程度	★容易培育

唐扇

Aloinopsis schooneesii
不耐夏季闷热，节制浇水，放置在明亮的半阴通风处培育。

姬红小松

Trichodiadema bulbosum
细长的茎枝从块根处伸展出来，小小的叶子上长有绒毛。夏季节制浇水，注意避免闷热。

特点和培育要点

主要原生在南非，是耐寒的番杏科品种。唐扇属圆圆的叶子像小石头一样，其根部具有块根性，姿态别致。休眠期节制浇水，每月两次少量喷雾即可。秋冬季开花。仙宝属分冬型和夏型。小型块根性番杏科，块根部分自然生长得肥大，姿态如同盆景一般。使用排水良好的花土，放置在通风处培育，在生长期时要把水浇透。

唐扇属、仙宝属培育日历 冬型

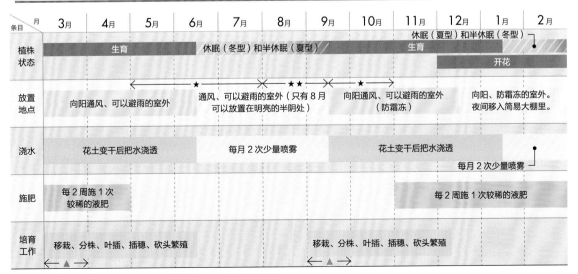

条目	3月	4月	5月	6月	7月	8月	9月	10月	11月	12月	1月	2月
植株状态	生育			休眠（冬型）和半休眠（夏型）					休眠（夏型）和半休眠（冬型） 生育			
										开花		
放置地点	向阳通风、可以避雨的室外			通风、可以避雨的室外（只有8月可以放置在明亮的半阴处）			向阳通风、可以避雨的室外（防霜冻）		向阳、防霜冻的室外。夜间移入简易大棚里。			
浇水	花土变干后把水浇透			每月2次少量喷雾			花土变干后把水浇透		每月2次少量喷雾			
施肥	每2周施1次较稀的液肥							每2周施1次较稀的液肥				
培育工作	移栽、分株、叶插、插穗、砍头繁殖						移栽、分株、叶插、插穗、砍头繁殖					

▲喷洒杀虫剂　　★盖上白色遮阳网　★★盖上黑色遮阳网

碧玉莲属
舟叶花属

Echinus
Ruschia

碧玉莲

Echinus maximilianus
春季开出漂亮的粉花。生长期光照要充足，也
要浇水施肥。要花费心思帮助它越夏。

资料

番杏科	南非
冬型	细根型
难易程度	★容易培育

特点和培育要点

主要原生于南非，小型番杏科
品种。比较耐寒，在较温暖地带，
保持良好通风、防霜冻的条件下，
也可以在室外培育。关键是夏季的
半休眠期的管理，注意避免淫雨，
放置在通风的半阴处少量浇水，避
免土壤过湿就能强壮越夏。不耐高
温多湿，日照不足会出现生长失调，
所以生长期要保证充足的日照，牢
牢扎好根。

美铃

Ruschia pulvinaris
细长的叶子聚集在一起，容易培育，夏
季注意避免闷热便能茁壮成长。需要实
施干燥管理。

◦ 多肉植物 Q&A ◦

Q 什么时候、采用何种
方式来繁殖碧玉莲属
比较好呢？

A 秋季，把茎部剪得长
一些，插芽繁殖。

对于碧玉莲属来说，插
芽效率最高，秋老虎渐消的
初秋时节，气温已经稳定下
来，这段时期适宜繁殖。把
茎部剪得长一些当作插穗。
超过 10 天后再浇水，一直到
第二年的夏天，它会牢牢地
扎根。

碧玉莲属、舟叶花属培育日历　冬型

条目 月	3月	4月	5月	6月	7月	8月	9月	10月	11月	12月	1月	2月
植株状态	生育				半休眠			生育				休眠
										开花		
放置地点	向阳通风、可以避雨的室外			通风、可以避雨的室外（只有 8 月可以放置在明亮的半阴处）			向阳通风、可以避雨的室外（防霜冻）			向阳、防霜冻的室外		
浇水	花土变干后把水浇透			每月浇水 1 次，待花土变干后，再过 3~4 天浇水			花土变干后把水浇透			花土变干后，再过 3~4 天浇水		
施肥	每 2 周施 1 次较稀的液肥								每 2 周施 1 次较稀的液肥			
培育工作	移栽、分株、插芽、砍头						移栽、分株、插芽、砍头					

▲喷洒杀虫剂　　★盖上白色遮阳网　★★盖上黑色遮阳网

藻铃玉属
虾钳花属
拈花玉属
对叶花属

Gibbaeum
Cheiridopsis
Tanquana
Pleiospilos

无比玉

Gibbaeum dispar
从两叶中间长出新叶子。秋冬季开粉花。
夏季断水进入休眠期。

神风玉

Cheiridopsis pillansii
温差不大花朵容易掉落。实施干燥管理，
夏季保持通风。

帝玉

Tanquana hilmarii
叶子越长越鼓，成对生长，中间开黄花。
夏季注意避免闷热。

紫帝玉

Pleiospilos nelii 'Royal Flush'
帝玉的变种。由于叶绿素较少，所以注
意避免因日照不足而导致的徒长。

资料	
番杏科	南非
冬型	细根型
难易程度	★★略难培育

特点和培育要点

原生于南非，是形状独特的番
杏科多肉。圆鼓鼓的叶子成对生长，
因姿态可爱，所以十分受欢迎。夏
季的休眠期不易管理，注意放置在
通风的半阴处进行断水管理。耐寒，
冬季在关东平原以西的较温暖地带
能在室外培育，不过度保护它们反
而长得更壮。对叶花属可以在室外
管理，即便短时间受冻也能恢复。

藻铃玉属、虾钳花属、拈花玉属、对叶花属培育日历　冬型

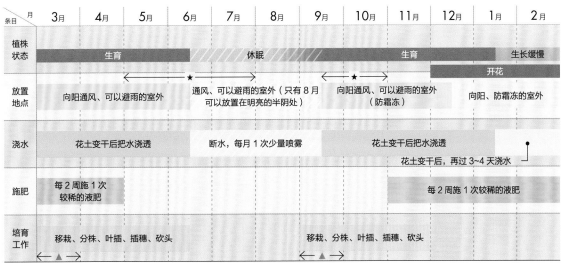

条目 月	3月	4月	5月	6月	7月	8月	9月	10月	11月	12月	1月	2月
植株状态	生育			休眠				生育			生长缓慢	
									开花			
放置地点	向阳通风、可以避雨的室外			通风、可以避雨的室外（只有8月可以放置在明亮的半阴处）			向阳通风、可以避雨的室外（防霜冻）		向阳、防霜冻的室外			
浇水	花土变干后把水浇透			断水，每月1次少量喷雾			花土变干后把水浇透		花土变干后，再过3~4天浇水			
施肥	每2周施1次较稀的液肥							每2周施1次较稀的液肥				
培育工作	移栽、分株、叶插、插穗、砍头						移栽、分株、叶插、插穗、砍头					

▲喷洒杀虫剂　★盖上白色遮阳网　★★盖上黑色遮阳网

肉锥花属

Conophytum

资料

景天科	南非等地区
冬型	细根型
难易程度	★★容易培育（部分难）

特点和培育要点

原生于南非等地区，是番杏科多肉植物的代表之一。茎叶一体，根据植株形状大致可以分为"足袋形""马鞍形""圆形"。和生石花一样，属于"蜕皮"生长植物。每年在进入休眠之前，外侧的老叶会变成淡褐色的保护层，乍看之下好像已经枯萎，但到了秋季新叶就会从里面长出来。夏季休眠期要节制浇水，放置在可以防雨的通风、半阴处培育，保持凉爽。初秋时节，天气变得凉爽后渐渐开始浇水。冬季注意防霜冻。

墨小锥

Conophytum wittebergense
叶子上有紫色的纹路，小型品种，夜间开白花。

七星座

Conophytum obcordellum
小型品种，表面有黑褐色凸起的斑点，也被叫作阿娇。

铜壶

Conophytum ectypum var. *brownii*
叶子上细长的纹路就像人脸上的皱纹一样，开粉花。夏季放置在凉爽的半阴处培育，断水。

海琳娜（音译）

Conophytum helenae
大型品种，叶子上有茶褐色的枝条纹路，呈足袋形。秋季开粉花。

肉锥花属培育日历　冬型

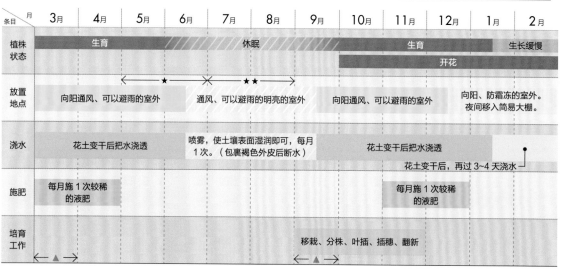

条目　　月	3月	4月	5月	6月	7月	8月	9月	10月	11月	12月	1月	2月
植株状态	生育				休眠				生育			生长缓慢
									开花			
放置地点	向阳通风、可以避雨的室外			通风、可以避雨的明亮的室外			向阳通风、可以避雨的室外			向阳、防霜冻的室外。夜间移入简易大棚。		
浇水	花土变干后把水浇透			喷雾，使土壤表面湿润即可，每月1次。（包裹褐色外皮后断水）			花土变干后把水浇透			花土变干后，再过3~4天浇水		
施肥	每月施1次较稀的液肥								每月施1次较稀的液肥			
培育工作				移栽、分株、叶插、插穗、翻新								

▲喷洒杀虫剂　　★盖上白色遮阳网　　★★盖上黑色遮阳网

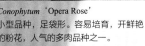

歌剧玫瑰

Conophytum 'Opera Rose'
小型品种，足袋形。容易培育，开鲜艳的粉花，人气的多肉品种之一。

银龙

Conophytum 'Ginryu'
大型品种，足袋形，边缘为紫红色。秋季开黄花，夏季断水。

蝴蝶勋章（产地在纳马夸兰国家公园）

Conophytum pellucidum var. *terricolor*
小型品种，叶色为褐色和苔绿色的混合色，外观雅致。纹路清晰的视为良品。

少将

Conophytum 'Shoukousi'
大型品种，比较容易培育，秋季开深黄色的花。足袋形，夏季断水。

白拍子

Conophytum longum
以前被归为风铃玉属，现在统一合并为肉锥花属。肉质透明，富有魅力。

毛肉锥

Conophytum stephanii
圆形群生种，小型。叶子表面覆盖着闪亮的羽毛，开乳白色小花。

肉锥花属的繁殖方法

准备：花盆（直径 7.5cm）、鹿沼土（中粒）、多肉植物花土、沸石（小粒）、剪刀、培土瓶、杀虫剂（DX 杀虫剂）
苗：肉锥花

1
从花盆里拔出株苗，捏住根部拍落花土。用手指捋掉老根。

2
用剪刀剪切成 2 株，每一株都要有轴和根。

3
如果本就长有 2 株，那就剪开，每株都要连轴。

4
把残留在植株外面的皮剥干净。

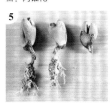

5
带根的植株晾晒 1~2 天，不带根的植株晾晒 4~5 天。

6
把中粒鹿沼土均匀地铺在盆底，高约 2cm 即可，再放入花土。

7
放入约 0.5g 杀虫剂，再补足花土。

8
扶着步骤 5 中的苗儿，补足花土，表面铺上沸石。

9
不带根的植株用金属丝固定。把水浇透。

少将

Conophytum bilobum
开黄花，呈足袋形，样式不一。叶子有红边。

雏鸠

Conophytum 'Hinabato'
开深粉色的花，色泽鲜艳。外形类似蛋壳，小巧玲珑，姿态富有魅力。

艾丽莎（音译）

Conophytum bilobum var. *elishae*
开橘色花，色泽鲜艳，呈足袋形，较大型多肉，秋冬季叶边变红。

多肉灯泡

Conophytum burger
外形是圆溜溜的半球体，休眠期结束后会变透明。不喜高温多湿，容易受损。

凤雏玉

Conophytum pearsonii
群生品种，呈马鞍形，容易培育。夏季放置在凉爽的半阴处断水培育。开粉花。

勋章玉

Conophytum pellucidum var. *neohallii*
植株下端为鲜艳的绿色，顶部为紫红色，上面有复杂的斑纹。

蝴蝶勋章（产地在南非开普省）

Conophytum pellucidum var. *terricolor*
小型品种，外表为淡紫色，顶部有不规则的花纹。呈马鞍形，群生繁殖。

Point

肉锥花属的蜕皮和四季变换

肉锥花属的多肉每年都会蜕一次皮，以此繁殖。不要惊慌地认为"枯萎了"，来了解它在一年四季发生了什么变化吧。

1
5月下旬至6月上旬开始准备休眠。多肉整体都会出现褶皱，变为褐色。

2
7~8月进入休眠期。覆盖着一层褐色外皮，萎缩成小小的一团，看上去好像枯萎了。

3
8月下旬至9月上旬开始进入生长期，新芽顶破外皮，旺盛地生长。需要开始浇水。

露子花属
照波属

Delosperma
Bergeranthus

资料

番杏科	南非
春秋型	细根型
难易程度	★★略难

露子花

Delosperma sphalmantoides
狭长的叶子群生在一起，冬季开粉花。
夏季更适合干燥管理。

特点和培育要点

主要原生于南非。由于生长在干燥少雨地带，所以肉厚，叶子储水能力强大，品种强健。生长类型为冬型，在关东平原以西的温暖地带，可以在室外越冬。露子花属分布区域广泛，拥有全部生长类型，耐寒，所以即便种植在庭院也无需费心护养。可以露天种植。处于开花期的照波属会在下午 3 点左右开花。

照波锦

Bergeranthus multiceps f. *variegata*
狭长、叶顶发尖的叶子呈地毯状向外生长繁殖，开黄色、橘色花朵。

◇ 多肉植物 Q&A ◇

Q 有没有可以种在庭院或者花坛里的多肉？

A 露子花属中的一种，耐寒松叶菊品种强健，在庭院种植也可以茁壮成长。

松叶菊自古以来就生长在石垣、院墙上，从初夏到秋季会开出色泽鲜艳的粉花，品种耐寒，属于露子花属。能忍受 −15℃ 的低温，也耐热，所以可以种植在庭院和花坛里。

露子花属、照波属培育日历 春秋型

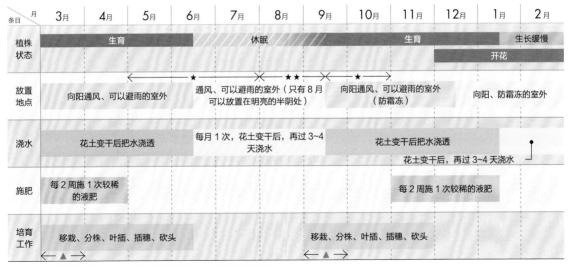

条目	3月	4月	5月	6月	7月	8月	9月	10月	11月	12月	1月	2月
植株状态	生育				休眠			生育				生长缓慢
									开花			
放置地点	向阳通风、可以避雨的室外				通风、可以避雨的室外（只有 8 月可以放置在明亮的半阴处）			向阳通风、可以避雨的室外（防霜冻）		向阳、防霜冻的室外		
浇水	花土变干后把水浇透			每月 1 次，花土变干后，再过 3~4 天浇水			花土变干后把水浇透			花土变干后，再过 3~4 天浇水		
施肥	每 2 周施 1 次较稀的液肥							每 2 周施 1 次较稀的液肥				
培育工作	移栽、分株、叶插、插穗、砍头						移栽、分株、叶插、插穗、砍头					

▲喷洒杀虫剂　★盖上白色遮阳网　★★盖上黑色遮阳网

天女属
棒叶花属
肉黄菊属

Titanopsis
Fenestraria
Faucaria

天女

Titanopsis calcarea
特点是刮刀状的叶子上凸起了大大的疙瘩。夏季多湿容易损坏植株，所以要放置在房檐下节制浇水。

资料

番杏科	南非
冬型	主根 + 细根型
难易程度	★容易培育

特点和培育要点

原生于南非干燥少雨地带的番杏科多肉。天女属、棒叶花属、肉黄菊属全年都要节制浇水，夏季要几乎断水。天女属的叶子肉厚，储水能力强。夏季需要弱化阳光，但生长期喜爱强烈的直射阳光。肉黄菊属在番杏科中也属于强健品种，大多开黄花，白花很少见。不喜多湿，耐寒，容易培育。

天女冠

Titanopsis schwantesii
三角形细长的刮刀形叶子上长有小疙瘩，秋冬季开黄花。

天女属、棒叶花属、肉黄菊属培育日历 冬型

条目　　月	3月	4月	5月	6月	7月	8月	9月	10月	11月	12月	1月	2月
植株状态	生育			休眠			生育				生长缓慢	
									开花			
放置地点	向阳通风、可以避雨的室外			通风、可以避雨的室外（只有8月可以放置在明亮的半阴处）			向阳通风、可以避雨的室外（防霜冻）			向阳、防霜冻的室外		
浇水	花土变干后浇水			每月2次少量喷雾			花土变干后浇水				每月2次少量喷雾	
施肥	每2周施1次较稀的液肥								每2周施1次较稀的液肥			
培育工作	移栽、分株、叶插、插穗、砍头						移栽、分株、叶插、插穗、砍头					

▲喷洒杀虫剂　　★盖上白色遮阳网　　★★盖上黑色遮阳网

棒叶花

Fenestraria rhopalophylla

叶子呈棍棒形，顶端半透明，富有魅力。秋冬季开白花。夏季注意避免闷热。

秋冬季绽放许多花朵的四海波。仔细观察，花蕾的形状也极其可爱。

四海波

Faucaria feline

叶子光滑且狭长，黄色的花朵像蒲公英一样。品种强健容易培育。

怒涛

Faucaria felina ssp. *tuberculosa* 'Dotou'

表面长有小突起，凹凸不平的叶子略带红色。

肉黄菊属的繁殖方法

准备：花盆（直径 7.5cm）、鹿沼土（中粒）、多肉植物花土、沸石（小粒）、剪刀、培土瓶、杀虫剂（DX 杀虫剂）金属丝（适宜）苗：肉黄菊属四海波

1

从花盆里拔出株苗。

2

捏碎盆土，拍落花土。带一点花土也可以。

3

如果是从根部繁殖出来的子株，剪切时要注意留下轴。

4

根部如果很长，就剪至 1/2 处。

5

晾晒 4~5 日，直至切口变白。

6

把中粒鹿沼土均匀地铺在盆底，高约 2cm 即可，再放入花土。

7

放入约 0.5g 杀虫剂，再补足花土。

8

扶着步骤 5 中的苗儿，补足花土，表面铺上沸石。

9

不带根的植株用金属丝固定。把水浇透。

光玉属
Frithia

资料

番杏科	南非
夏型（接近春秋型）	细根型
难易程度	★★略难培育

特点和培育要点

原生于南非的番杏科多肉。比较耐热，外观容易被当作冬型番杏科，但在日本就变成了接近春秋型的夏型（参考中国秦岭—淮河以北的沿海地区和秦岭—淮河以南的东南沿海地区气候）。喜强光，阳光照射在顶端后会出现菊花徽章一样的花纹，此时的光照最为适宜。日照不足生长会失衡。冬季进入休眠期，3~4月进入生长期，夏季酷暑时需要稍加休养，所以就要节制浇水。初秋到初冬再次进入生长期。梅雨季节到秋天会不断地开花。冬季最低不能低于5℃。

菊光玉

Frithia humilis

进入初夏之后会开出乳白色到淡粉色的花。夏季高温期要节制浇水。

Point

光玉属在番杏科中是稀有的夏季生长型多肉

大多数番杏科的多肉都是冬季生长型，但光玉属恰恰相反，是夏季生长型。姿态类似棒叶花属，所以处于生长期的光玉属会让人与棒叶花属分辨不清。

来了解一下光玉属随季节的变化吧。

3月中旬

3月中旬，多肉从漫长的休眠期中醒来。整体发黑，叶子也萎缩着。仔细观察它的外观后，再一点点地开始浇水。放置在向阳处培育。

6月上旬

6月上旬，多肉进入生长期，叶子开始变为绿色。花土干得也快，叶子顶端可以看见如菊花徽章一样的花纹。鲜绿的叶子也变得饱满。

光玉属培育日历　夏型（接近春秋型）

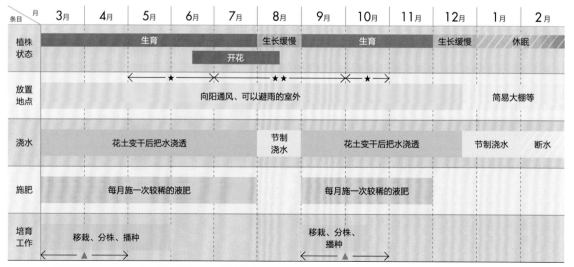

条目\月	3月	4月	5月	6月	7月	8月	9月	10月	11月	12月	1月	2月
植株状态	生育					生长缓慢	生育			生长缓慢	休眠	
				开花								
放置地点		←→★ ×→		向阳通风、可以避雨的室外 ★★			×→★→			简易大棚等		
浇水		花土变干后把水浇透				节制浇水	花土变干后把水浇透			节制浇水		断水
施肥		每月施一次较稀的液肥					每月施一次较稀的液肥					
培育工作	移栽、分株、播种 ▲						移栽、分株、播种 ▲					

▲喷洒杀虫剂　★盖上白色遮阳网　★★盖上黑色遮阳网

生石花属
Lithops

资 料

番杏科	南非、纳米比亚等地区
冬型	细根型
难易程度	★容易培育

特点和培育要点

原生于南非、纳米比亚以及博茨瓦纳等地区的番杏科的植物。基本品种约有40种，变种和亚种种类繁多，具体数量未知。喜欢生长在岩石沙漠地带，形态如同石头一般，叶子上长有各色的花纹。是让收藏者们非常喜欢的植物。生长类型为冬型，反复蜕皮变大。夏季休眠期放置在通风的半阴处，节制浇水，初秋进入生长期后再开始慢慢地浇水。

橄榄玉

Lithops olivaceae
绿色小型品种，紧绷绷的圆形叶子十分可爱。容易培育，注意避免闷热便能茁壮成长。

菊章玉

Lithops 'Kikushougyoku'
日本培育出的品种，花纹如同菊花徽章一般素雅。花为白色，比较容易培育。

大津绘

Lithops otzeniana
大津绘的变种，顶端发圆，有大斑点花纹。

紫勋

Lithops lesliei
初秋时节开黄花，一直以来受人喜爱。球径大约能长到5cm，群生。

生石花属培育日历 冬型

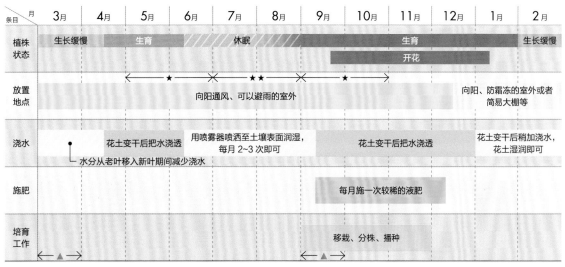

条目	月	3月	4月	5月	6月	7月	8月	9月	10月	11月	12月	1月	2月
植株状态		生长缓慢	生育			休眠			生育				生长缓慢
									开花				
放置地点				向阳通风、可以避雨的室外							向阳、防霜冻的室外或者简易大棚等		
浇水			花土变干后把水浇透		用喷雾器喷洒至土壤表面润湿，每月2~3次即可			花土变干后把水浇透			花土变干后稍加浇水，花土湿润即可		
		水分从老叶移入新叶期间减少浇水											
施肥						每月施一次较稀的液肥							
培育工作						移栽、分株、播种							

▲喷洒杀虫剂　★盖上白色遮阳网　★★盖上黑色遮阳网

朱唇玉
Lithops karasmontana
花纹玉的改良品种，特点是有色泽鲜艳的红色纹路。开白花。

青磁玉
Lithops helmutii
叶子为绿色，顶端半透明，晚秋时间开黄花。注意避免闷热，可以培育成大株。

太古玉
Lithops comptonii
叶子褐色发黑，表面红色网眼纹路清晰可见，小型品种。

准备：2 个花盆（直径 7.5cm）、鹿沼土（中粒）、多肉植物花土、沸石（小粒）、剪刀、铲桶、杀虫剂（DX 杀虫剂）、缓效化肥（花宝，Magamp K 中粒）、托盘
苗：生石花属巴里玉

生石花属的繁殖方法

1

从花盆中拔出植株，打碎盆土。

2

拍落全部花土，取出细小的根部。

3

去除掉残留在根部的蜕皮外壳、去年的花柄。

4

去除掉花土等杂叶后的模样。

5

从根部下端测量，去除 1/3。

6

俯视观察剪切，注意保留根系。

7

轻柔地分成 2 个，尽量缩小切口。

8

晾晒 4~5 日，直至切口变白。

9

把中粒鹿沼土均匀地铺在盆底，高约 2cm 即可。

10

补足花土。

11

再放入约 0.5g 的杀虫剂，填入花土。

12

捏一小撮缓效化肥放入花工中。

13

单手扶着步骤 8 中的株苗，填土。

14

表面铺上沸石。

15

另一株以同样的方法种植，把水浇透。

日轮玉

Lithops aucampiae
初学者也可以轻松培育，品种强健。秋季开黄花。

白色花纹玉

Lithops karasmontana var. *opalina*
几乎没有任何花纹，通体发白，富有透明感。白色花朵，花瓣富有光泽。

巴里玉

Lithops hallii
褐色的网眼纹路引人注目，开大朵白花。

微纹玉

Lithops fulviceps
茶褐色的叶子表面有细小花纹。夏季放置在阴凉处断水培育。开黄花。

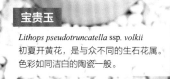

宝贵玉

Lithops pseudotruncatella ssp. *volkii*
初夏开黄花，是与众不同的生石花属。色彩如同洁白的陶瓷一般。

萤形玉

Lithops marmorata
叶子为鲜嫩的绿色，外形圆鼓鼓的。花心为白，花瓣尖为黄色，花径较大。

绿福来玉

Lithops julii ssp. *fulleri* 'Fuller green'
福来玉的绿色品种，还有褐色品种。夏季几乎要断水。

Point

生石花属是每年蜕皮一次，并以此繁殖的多肉植物

外形如同小石头一般，从中心分为2个，新芽从中心冒出来，类似于昆虫的蜕皮。

春天一到，叶子渐渐萎缩，这代表开始蜕皮。渐渐地减少浇水，夏季放置在通风处，初秋夜间气温下降，进入生长期后再开始浇水。

3月中旬

3月中旬4月中旬开始蜕皮，老叶分成2个，从中心可以看到冒出的新芽。

6月上旬

6月上旬休眠期结束后，老叶像昆虫外皮一样萎缩脱下，从中间长出了两个新株。

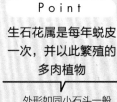

仙人掌科

圆筒仙人掌属
仙人掌属
雄叫武者属

Austrocylindropuntia
Opuntia
Maihueniopsis

将军棒

Austrocylindropuntia subulata
茎枝形态独特，如同圆筒形，上面长有狭长的叶子。放置在向阳通风处培育，注意防蚧虫。

白桃扇

Opuntia microdasys var. *albispina*
小型扇状仙人掌，表面覆盖有白色纤细的刺。重要的是日照充足。

资料

仙人掌科 南美洲北部和中部、加拉帕戈斯群岛等地区

夏型（接近冬型） 　 **粗根型**

难易程度★容易培育（部分略难）

特点和培育要点

分布区域以南美为主，具有高山属性。大多耐寒，品种强健且容易培育。多数可以全年室外培育，一直被人喜爱。主要的生长期在春秋季，耐酷暑耐严寒。放置在向阳通风处培育能茁壮成长。繁殖能力旺盛，进入生长期后插芽便能繁殖。

青海波

Opuntia lanceolata f. *cristata*
生长快速，在缀化种中属于强健品种，容易培育。

便便球

Maihueniopsis minuta var. *mandragora*
小型品种，分枝如同爬行一般横向延伸。注意通风，避免闷热，日照要充足。

圆筒仙人掌属、仙人掌属、雄叫武者属培育日历　夏型

条目　月	3月	4月	5月	6月	7月	8月	9月	10月	11月	12月	1月	2月
植株状态		生长				半休眠		生育			休眠	
		开花				放置在向阳室内或者简易大棚，保证温度不低于3℃						
放置地点		★		×	★★	×		★				
		向阳的室外或者温室、简易大棚					向阳的室外或者温室、简易大棚					
	向阳室内的窗边或者室外温室											
浇水		花土变干后把水浇透				花土里面变干过了3~4天后再浇水	花土变干后把水浇透			每月喷雾1次，花土表面湿润即可		断水
施肥		每2周施1次较稀的液肥					每2周施1次较稀的液肥					
培育工作		移栽、分株、播种、插芽					移栽、播种					

▲喷洒杀虫剂　　★盖上白色遮阳网　　★★盖上黑色遮阳网

3~5月、9~次年2月充分 喜爱25~40℃的日照温度。　　6~8月保持良好通风　※仙人掌要增大昼夜温差（例）昼35℃ 夜15℃

皱棱球属
尤伯球属

Aztekium
Uebelmannia

资料

仙人掌科	墨西哥、巴西
夏型（接近冬型）	细根型
难易程度	★容易培育（部分略难）

特点和培育要点

　　皱棱球属原生于墨西哥的山岳地带，是生长非常迟缓的小型品种，稀有，品种强健、容易培育。不喜夏季强烈的阳光直射。在生长期时，喜水（外观看上去认为不喜水）。

　　尤伯球属原生于巴西，与一般的仙人掌相比喜爱略微柔和的阳光。生长迟缓，不耐盛夏的强烈直射阳光，不耐35℃以上的高温。主要在春秋季生长。

辛顿花笼
Aztekium hintonii
1990年出现的新品种，生长非常迟缓，在多肉爱好者中很有人气。

瞩装殿
Uebelmannia pectinifera var. *pseudopectinifera*
叶子为暗绿色，呈圆筒形，略微小型。夏季要稍加遮挡强光，冬季温度保持5℃以上。

花笼
Aztekium ritteri
形状独特，有细碎的褶皱。植株营养充足时会群生出子株。生长期喜水。

皱棱球属、尤伯球属培育日历　夏型

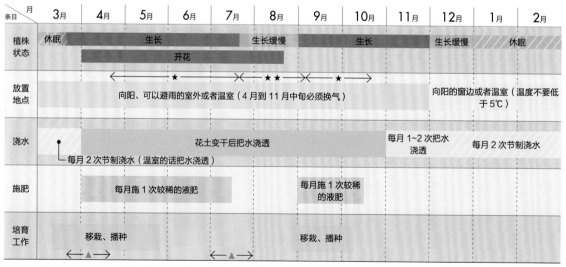

条目＼月	3月	4月	5月	6月	7月	8月	9月	10月	11月	12月	1月	2月
植株状态	休眠	生长				生长缓慢		生长		生长缓慢		休眠
		开花										
放置地点	向阳、可以避雨的室外或者温室（4月到11月中旬必须换气）									向阳的窗边或者温室（温度不要低于5℃）		
浇水	每月2次节制浇水（温室的话把水浇透）	花土变干后把水浇透							每月1~2次把水浇透	每月2次节制浇水		
施肥		每月施1次较稀的液肥					每月施1次较稀的液肥					
培育工作		移栽、播种			移栽、播种							

▲喷洒杀虫剂　　★盖上白色遮阳网　　★★盖上黑色遮阳网

3~5月、9~次年2月 喜爱25~40℃的日照温度。　　6~8月保持良好通风　※仙人掌要增大昼夜温差（例）昼35℃ 夜15℃

星球属
Astrophytum

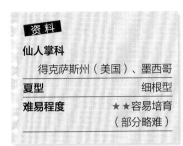

资料

仙人掌科

得克萨斯州（美国）、墨西哥

夏型 细根型

难易程度 ★★容易培育
（部分略难）

特点和培育要点

　　该种群表皮有白色星状小点，故称为星球属，其刺座有绵毛或刺。具有代表性的兜丸仙人掌就相当有人气，甚至有收藏家收集。春夏季开美丽的黄花。喜阳，如果在温室，白天的温度升高后会变得容易培育。冬季完全断水会导致生长失衡，温度保持5℃以上，每月2次少量浇水，即便生长缓慢，也要调整出适宜生长的环境。

大疣琉璃兜
Astrophytum asterias var. *nudum*
琉璃兜，突起比通常的大得多。外观为暗绿色，上面有又白又大的疣。

恩塚鸾凤玉
Astrophytum myriostigma 'Onzuka'
仙人掌上的白点又大又密，特点是生有白毛的地方长着∨形箭头花纹。

兜丸
Astrophytum asterias
仙人掌表面上面有将植株8等分的棱，形状类似海胆。无刺，有细小的毛疣。人气很高。

红叶鸾凤玉
Astrophytum myriostigma 'Koh-yo'
一到秋季，从顶部的生长点开始渐渐变红。一到春季便恢复成原来的颜色。

星球属培育日历　夏型

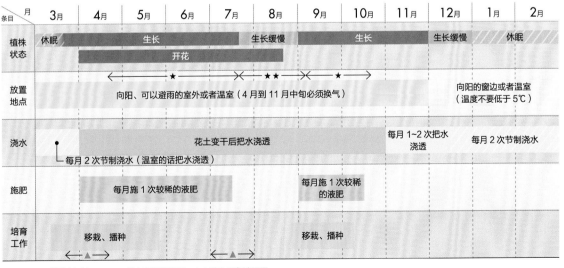

条目 \ 月	3月	4月	5月	6月	7月	8月	9月	10月	11月	12月	1月	2月
植株状态	休眠		生长				生长缓慢	生长		生长缓慢		休眠
			开花									
放置地点			向阳、可以避雨的室外或者温室（4月到11月中旬必须换气）							向阳的窗边或者温室（温度不要低于5℃）		
浇水	每月2次节制浇水（温室的话把水浇透）			花土变干后把水浇透					每月1~2次把水浇透		每月2次节制浇水	
施肥			每月施1次较稀的液肥				每月施1次较稀的液肥					
培育工作		移栽、播种					移栽、播种					

▲喷洒杀虫剂　　★盖上白色遮阳网　　★★盖上黑色遮阳网

3~5月、9~次年2月 喜爱25~40℃的日照温度。　　　　6~8月保持良好通风　※仙人掌要增大昼夜温差（例）昼35℃ 夜15℃

三角弯凤玉
Astrophytum myriostigma var. *tricostatum*
有 3 条棱，呈现细长协调的几何形状引人注目。喜阳，喜欢排水性良好的花土。

超兜
Astrophytum asterias 'Superkabuto'
野生兜仙人掌上有着又大又奇特的白点，是日本培育的品种。花为黄色，中心为红色。

五角弯凤玉
Astrophytum myriostigma var. *strongylogonum*
比一般的弯凤玉直径大，特点是棱条又圆又厚，长有小白点。

白条复隆弯凤玉
Astrophytum myriostigma cv.
表皮为暗绿色，十分光滑。魅力在于 5 条棱上的清晰可见的白色条纹。

碧琉璃弯凤玉
Astrophytum myriostigma var. *nudum*
星形，无刺，没有弯凤玉的白点。深绿色的表皮十分亮眼。

米拉克鲁兜（音译）
Astrophytum asterias 'Miracle Kabuto'
在兜丸仙人掌中由于白点格外显眼而被发现，是在日本命名的品种。

星球属的繁殖

1

决定好用来交配的母株，用小镊子从花朵中夹出花粉。

2

把图 1 夹出的花粉擦在母株的雌蕊上进行授粉。选择晴朗的白天操作。

3

结果后，花后子房会膨大，长出种子。

4

子房膨大后会变白变干，从豆荚中取出种子。

5

春天时把种子种在花土里。发芽后约 1 年就能长成小幼苗。

岩牡丹属
乌羽玉属

Ariocarpus
Lophophora

资料

仙人掌科
得克萨斯州（美国）、墨西哥等
夏型　　　　细根型＋粗根型
难易程度 ★★略难（岩牡丹属）
　　　　　　★略难（乌羽玉属）

特点和培育要点

　　岩牡丹属是秋季开花的仙人掌科多肉植物，根部肥大如芋头。把温室温度提高至35~40℃，在较柔和的光照下培育。冬季温度保持在5℃以上。容易招惹介壳虫，连山牡丹、龟甲牡丹容易吸引叶螨，水滴留在植株上后，肉叶会腐烂。乌羽玉属无刺，外表柔嫩，但品种强健。

龙舌牡丹 X 黑牡丹
Ariocarpus agavoides × kotschoubeyanus
龙舌牡丹和黑牡丹的杂交品种。有个体差异，开深粉色的花。

菜花牡丹
Ariocarpus retusus 'cauliflower'
叶子为疣状，有着大大的凹凸，中心长有白毛，有些像花椰菜。

龟甲牡丹
Ariocarpus fissuratus
叶子表面凹凸不平，很有人气，不耐寒，需要费心照顾。

黑牡丹
Ariocarpus kotschoubeyanus
叶子为暗绿色，平坦的半球形，小型品种。上面有小小的三角形纹路。秋季开紫红色的花。

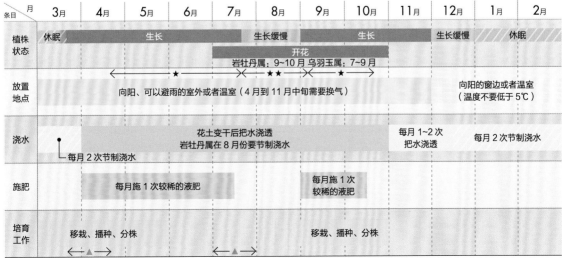

岩牡丹属、乌羽玉属培育日历　夏型

条目	月	3月	4月	5月	6月	7月	8月	9月	10月	11月	12月	1月	2月
植株状态		休眠	生长				生长缓慢	生长		生长缓慢		休眠	
						开花 岩牡丹属：9~10月 乌羽玉属：7~9月							
			←→ ★		←→ ×★	××	★★	××	← ★ →				
放置地点			向阳、可以避雨的室外或者温室（4月到11月中旬需要换气）							向阳的窗边或者温室（温度不要低于5℃）			
浇水		● 每月2次节制浇水		花土变干后把水浇透 岩牡丹属在8月份要节制浇水						每月1~2次把水浇透	每月2次节制浇水		
施肥			每月施1次较稀的液肥				每月施1次较稀的液肥						
培育工作		移栽、播种、分株			←→ ▲		移栽、播种、分株						

▲ 喷洒杀虫剂　　★盖上白色遮阳网　　★★盖上黑色遮阳网

3~5月、9~2月 喜爱25~40℃的日照温度。　　6~8月保持良好通风　　※ 仙人掌要增大昼夜温差（例）昼35℃ 夜15℃

象牙牡丹

Ariocarpus furfuraceus var. *magnificum*
无刺，三角形的叶片不仅肉厚而且鼓鼓的，顶部长有松软的毛，富有魅力。花也美丽。

疣丸青磁牡丹

Ariocarpus furfuraceus var. *brebituberosus*
特点在于疣的变异，叶片肉厚，浅浅的翠绿色外皮上长有白霜。疣较大。

连山牡丹

Ariocarpus fissuratus var. *lloydii*
秋季开花，紫红色的花魅力十足。有发圆的三角形疣，会慢慢地长成球形。

乌羽玉

Lophophora williamsi
无刺，外表光滑，长有白毛。根部会变成芋根，比较耐寒。

银冠玉

Lophophora fricii var. *decipiens*
表皮白色较明显，球形平缓，是大型品种。春夏时节开可爱的粉花。

翠冠玉

Lophophora diffusa
表面的绵毛相当漂亮，不要从上方浇水，要从四周浇水，这样绵毛才能成簇。

乌羽玉属的繁殖方法

准备：花盆（直径7.5cm：数个，直径10.5cm：1个）、鹿沼土（中粒）、多肉植物花土、沸石（小粒）、剪刀、裁刀、铲桶、杀虫剂（DX杀虫剂）、缓效化肥（花宝，Magamp K）、生根剂（Ruton）苗：乌羽玉属翠冠玉

1
把株苗从花盆中取出，去除根系，用裁刀切下长在母株上的子株。

2
切掉老根便于新根生长。留1/3即可。

3
对于不带根系的子株，趁着切口未干时涂抹生根剂。

4
并排放置在通风的半阴处，晾晒1~2周。

5
把鹿沼土均匀地铺在直径10.5cm的花盆盆底，约2cm高即可。从上方再倒入2cm高的花土。

6
放入0.5g的杀虫剂，填入花土后再放入一小撮缓效化肥。

7
往步骤6里再放入少量花土，单手扶着步骤4的母株，补足花土，表面铺上沸石。

8
以同样的方法种植步骤4的子株。种植完成后把水浇透。

金琥属
瘤玉属
强刺球属

Echinocactus
Thelocactus
Ferocactus

资料

仙人掌科	美国西南部、墨西哥
夏型	细根型
难易程度	★★略难培育

特点和培育要点

　　都被称作强刺类仙人掌，拥有着引人注目的大刺，在仙人掌中它们的刺也属于大型。全年喜爱强光。增大昼夜温差，每年都会长出鲜艳结实的刺。白天适合放置在湿度低、温度高的环境中。高温高湿时，刺上会长出黑霉。在长刺的生长期里把水浇透，其他时期实施干燥管理。

绫波锦
Echinocactus texensis f. *variegata*
绫波的斑纹品种。青绿色的表皮上长有黄斑，暗红色的刺看上去十分美丽。夏季不耐高温。

金鲸
Echinocactus grusonii
品种强健，生长快，是强刺系的代表品种。喜阳。温度低于 5℃ 时表皮就会长出红色斑点。

翠平丸
Echinocactus horizonthalonius var. *complatus*
表皮有着地毯般的质感，浅粉色的刺整齐齐地长在上面，魅力十足。开大朵粉花。

太平丸
Echinocactus horizonthalonius
生长迟缓，喜阳。伤根后恢复需要一定时间。

金琥属、瘤玉属、强刺球属培育日历　夏型

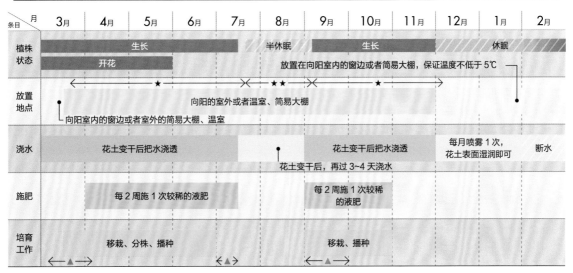

条目	3月	4月	5月	6月	7月	8月	9月	10月	11月	12月	1月	2月
植株状态	生长					半休眠	生长			休眠		
	开花				放置在向阳室内的窗边或者简易大棚，保证温度不低于 5℃							
放置地点	向阳室内的窗边或者室外的简易大棚、温室 ／ 向阳的室外或者温室、简易大棚											
浇水	花土变干后把水浇透					花土变干后，再过 3~4 天浇水	花土变干后把水浇透			每月喷雾 1 次，花土表面湿润即可		断水
施肥		每 2 周施 1 次较稀的液肥					每 2 周施 1 次较稀的液肥					
培育工作	移栽、分株、播种						移栽、播种					

▲喷洒杀虫剂　　★盖上白色遮阳网　　★★盖上黑色遮阳网
3~5 月、9~2 月 喜爱 25~40℃ 的日照温度。　　6~8 月保持良好通风 ※仙人掌要增大昼夜温差（例）昼 35℃ 夜 15℃

龙玉球

Thelocactus setispinus var. *hamatus*
群生繁殖子株。刺的前端向内弯曲。品
种强健、容易培育。

大统领

Thelocactus bicolor
喜阳，重要的是适当地保持通风、浇水。
开大朵粉花，很有人气。

鹤巢丸

Ferocactus rinconensis ssp. *nidulans*
表皮为青白色，褐色的刺又长又尖，像
金属丝一样，保持通风和向阳便能茁壮
成长。

赤刺金冠龙

Ferocactus chrysaeanthus f. *rubrispinus*
表皮被又红又亮的长刺包裹着。春季开
红花。喜阳。

黄金冠

Ferocactus orcuttii 'ohgonkan'
密密麻麻地长满了又长又黄的刺。比较
强健，容易培育。

金冠龙

Ferocactus chrysacanthus
黄色的刺又长又尖。植株整体都被刺包
裹着。在强刺类中不易掉刺。

金鸨玉

Ferocactus latispinus var.*flavispinus*
刺为黄色，尖且宽。冬季开黄花。

琥头

Ferocactus cylindraceus
刺随着主体的生长，不断变长，甚至可
以长到2m。刺的颜色也富于变化。

日出丸

Ferocactus latispinus
刺为红色，扁平。要想刺变得又红又粗，
必须保证光照充足以及拉大昼夜温差。

鹿角柱属
Echinocereus

资 料

仙人掌科	美国南部、墨西哥
夏型	细根型
难易程度	★★略难培育

银纽
Echinocereus poselgeri
呈细长棒状，在土壤里面长出根块。夏季最好轻微遮光。土壤变干之后浇水。

少刺虾
Echinocereus triglochidiatus
圆柱形仙人掌，表皮为鲜亮的绿色。喜阳。春季开又大又红的花。

特点和培育要点

分布区域主要在北美地区。开花颜色多种多样，大且华丽，有红色、黄色、白色，等等。生长比较快速，耐寒耐热。部分品种需要少浇水，一些品种需要偶尔降低温度，否则容易落花。整体上，春秋季保证光照充足，夏季喜爱明亮、通风的场所。冬季温度保持在 1~5℃（不能降到 0℃）。

卫美玉
Echinocereus fendleri
喜阳。生长迟缓，夏季不耐多湿。冬季实施干燥管理。

紫太阳
Echinocereus rigidissimus ssp. *rubrispinus*
被紫色的刺所包裹，外观美丽大方。冬季应适度受冻，以减少落花率。

鹿角柱属培育日历 夏型

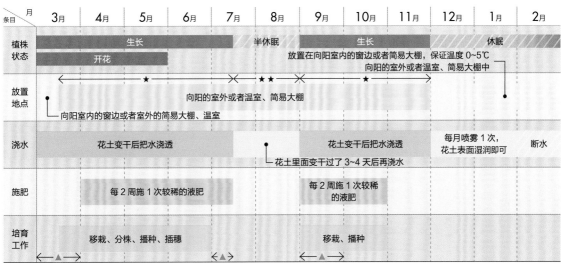

条目 \ 月	3月	4月	5月	6月	7月	8月	9月	10月	11月	12月	1月	2月
植株状态	生长					半休眠		生长			休眠	
	开花				放置在向阳室内的窗边或者简易大棚，保证温度 0~5℃							
					向阳的室外或者温室、简易大棚中							
放置地点	★			×★★×			★		→			
	向阳的室外或者温室、简易大棚											
	向阳室内的窗边或者室外的简易大棚、温室											
浇水	花土变干后把水浇透						花土变干后把水浇透			每月喷雾 1 次，花土表面湿润即可		断水
					花土里面变干过了 3~4 天后再浇水							
施肥		每 2 周施 1 次较稀的液肥					每 2 周施 1 次较稀的液肥					
培育工作		移栽、分株、播种、插穗					移栽、播种					

▲喷洒杀虫剂　　★盖上白色遮阳网　　★★盖上黑色遮阳网

3~5 月、9~2 月 喜爱 25~40℃ 的日照温度。　　6~8 月保持良好通风　　※ 仙人掌要增大昼夜温差（例）昼 35℃ 夜 15℃

老乐柱属
巨人柱属
摩天柱属

Espostoa
Carnegiea
Pachycereus

资料

仙人掌科

美国西南部、墨西哥、南美

夏型 细根型

难易程度 ★容易培育（部分略难）

特点和培育要点

原生于秘鲁、美国亚利桑那州、墨西哥等地的种群，3种都属于会长成大型植株的柱型仙人掌。比较强健，但生长迟缓。原生地为草地，所以不耐夏季的闷热。老乐柱属淋雨后白色的绵毛会变脏，所以要移放至屋檐下。其他时期可以在室外培育。

老乐柱

Espostoa lanata
随着生长不断变高的柱型仙人掌，高度可达 2m。繁殖出的子株也呈直立状态。

弁庆柱

Carnegiea gigantean
在原生地可高达 12m，生长迟缓。喜阳，保持良好通风。在夜晚开白花。

白云阁缀化

Pachycereus marginatus f. *cristata*
保证向阳、良好通风，不耐多湿。冬季节制浇水。

福禄寿

Pachycereus schottll f. *monstrosus*
无刺，棱发生了变异，像鼓起的肿包一样。不喜高温，高温时有可能变为褐色。

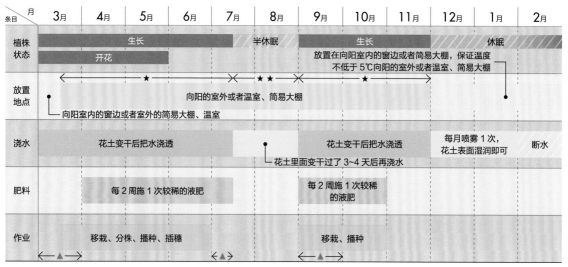

老乐柱属、巨人柱属、摩天柱属培育日历 夏型

条目	月	3月	4月	5月	6月	7月	8月	9月	10月	11月	12月	1月	2月
植株状态		生长					半休眠	生长			休眠		
		开花					放置在向阳室内的窗边或者简易大棚，保证温度不低于 5℃向阳的室外或者温室、简易大棚						
放置地点		向阳的室外或者温室、简易大棚											
		向阳室内的窗边或者室外的简易大棚、温室											
浇水		花土变干后把水浇透					花土里面变干过了 3~4 天后再浇水	花土变干后把水浇透			每月喷雾 1 次，花土表面湿润即可		断水
肥料		每 2 周施 1 次较稀的液肥						每 2 周施 1 次较稀的液肥					
作业		移栽、分株、播种、插穗						移栽、播种					

▲喷洒杀虫剂 ★盖上白色遮阳网 ★★盖上黑色遮阳网

3~5 月、9~2 月 喜爱 25~40℃的日照温度。 6~8 月保持良好通风 ※ 仙人掌要增大昼夜温差（例）昼 35℃ 夜 15℃

月世界属
姣丽球属
斧突球属

Epithelantha
Turbinicarpus
Pelecyphora

资料	
仙人掌科	墨西哥等地区
夏型	细根型
难易程度	★★略难培育

特点和培育要点

喜欢强光直射的小型仙人掌，群生种群。生长缓慢，刺小，开可爱的小花。光照充足时，外观会又圆又漂亮；但日照不足时会徒长，形态不协调。盛夏时节光照过强，所以需要使用遮阳网柔和光线。夏冬季节制浇水，实施干燥管理。

小人的帽子
Epithelantha bokei
夏季不耐闷热，放置在向阳通风处培育。节制浇水。

白鲸
Turbinicarpus knuthianus
被松软的白刺包裹着。需要适度的通风、水分。冬季实施干燥管理。

蔷薇丸
Turbinicarpus valdezianus
从大约1cm大小的株苗开始开粉花。生长期增强光照，提高湿度较好。

银牡丹
Pelecyphora strobiliformls
小球形，灰绿色。被三角形的疣状物所覆盖。换季时期注意预防叶螨。

月世界属、姣丽球属、斧突球属培育日历 夏型

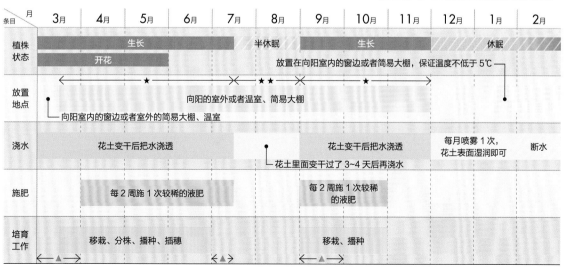

条目	月	3月	4月	5月	6月	7月	8月	9月	10月	11月	12月	1月	2月
植株状态		生长					半休眠		生长			休眠	
		开花					放置在向阳室内的窗边或者简易大棚，保证温度不低于5℃						
放置地点				★			★★		★				
				向阳的室外或者温室、简易大棚									
		向阳室内的窗边或者室外的简易大棚、温室											
浇水		花土变干后把水浇透						花土变干后把水浇透			每月喷雾1次，花土表面湿润即可		断水
							花土里面变干过了3~4天后再浇水						
施肥			每2周施1次较稀的液肥						每2周施1次较稀的液肥				
培育工作		移栽、分株、播种、插穗						移栽、播种					

▲喷洒杀虫剂　★盖上白色遮阳网　★★盖上黑色遮阳网

3~5月、9~2月 喜爱25~40℃日照温度。　　6~8月保持良好通风　※仙人掌要增大昼夜温差（例）昼35℃ 夜15℃

智利球属
宝山属
轮冠属（花笠球属）

Eriosyce
Sulcorebutia
Weingartia

伏龙玉
Eriosyce intermedia
灰绿色的表皮上长有黑刺。喜阳，需要保证适度的通风以及水分。

有沟宝山
Sulcorebutia albissima
喜阳。生长期喜水，根部呈芋根状，冬季要实施干燥管理。

资料	
仙人掌科	南美等地区
夏型	主根＋细根型
难易程度	★★略难培育

特点和培育要点

　　小型仙人掌种群，主要原生于南美。日照长期不足时会徒长，可以使用白色遮阳网或者放置在明亮的半阴处。根为块根以及芋根，所以要实施干燥管理。梅雨时期如果不充分控水极易徒长。宝山属容易吸引叶螨。

花笠丸
Weingartia sucrensis
喜欢长时间沐浴在有遮光防护的阳光下。容易吸引叶螨。

紫丽丸
Sulcorebutia rauschii
从根部开出鲜艳的粉花。放置在明亮的半阴处培育，冬季实施干燥管理。

智利球属、宝山属、轮冠属（花笠球属）培育日历 夏型

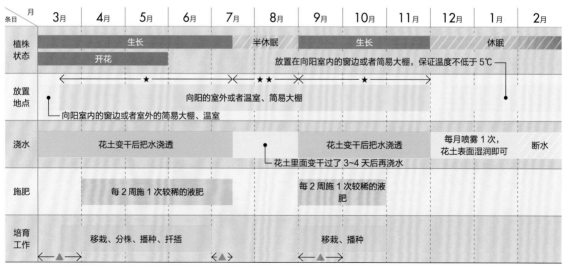

条目 \ 月	3月	4月	5月	6月	7月	8月	9月	10月	11月	12月	1月	2月
植株状态	生长					半休眠	生长				休眠	
	开花				放置在向阳室内的窗边或者简易大棚，保证温度不低于5℃							
放置地点	★　　　　　　　　　★★　　　★											
	向阳的室外或者温室、简易大棚											
	向阳室内的窗边或者室外的简易大棚、温室											
浇水	花土变干后把水浇透					花土里面变干过了3~4天后再浇水	花土变干后把水浇透			每月喷雾1次，花土表面湿润即可		断水
施肥	每2周施1次较稀的液肥						每2周施1次较稀的液肥					
培育工作	移栽、分株、播种、扦插						移栽、播种					

▲喷洒杀虫剂　★盖上白色遮阳网　★★盖上黑色遮阳网

3~5月、9~2月 喜爱25~40℃的日照温度。　　6~8月保持良好通风　※仙人掌要增大昼夜温差（例）昼35℃ 夜15℃

裸萼球属
顶花球属

Gymnocalycium
Coryphantha

资料	
仙人掌科	美国、墨西哥、南美等地区
夏型	细根型
难易程度	★容易培育

特点和培育要点

原生区域广泛，从南美到北美都有分布，粗大的根部可以储水。裸萼球属不喜盛夏高温，喜爱柔和的阳光。温度提升得过高会出现小面积灼伤。顶花球属稍不耐寒，冬季出现橘色斑点后就证明已经被冻伤了，要立即采取防冻措施。

海王丸
Gymnocalycium denudatum
深绿色，刺形独特，呈弯曲的弧线。需要略加遮光，湿度要大。

火星丸
Gymnocalycium calochlorum
扁平的小型品种，容易繁殖出子株。花为浅粉色。放置在明亮的半阴处培育。

火东球
Gymnocalycium oenanthemum ssp. *carminanthum*
外观为协调的球形，刺沿着棱整齐的排列。夏季开红花。

蛇纹玉
Gymnocalycium paraguayense
f. *fleischerianum*
深绿色的表皮富有光泽，棱部长有短刺。放置在明亮的半阴处培育，保持良好的通风环境。

裸萼球属、顶花球属培育日历 夏型

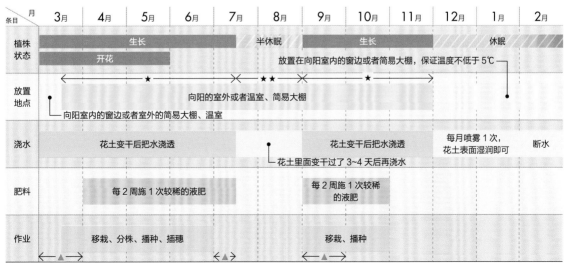

条目 / 月	3月	4月	5月	6月	7月	8月	9月	10月	11月	12月	1月	2月
植株状态	生长					半休眠	生长				休眠	
	开花			放置在向阳室内的窗边或者简易大棚，保证温度不低于5℃								
放置地点	向阳室内的窗边或者室外的简易大棚、温室	★	向阳的室外或者温室、简易大棚		★★		★					
浇水	花土变干后把水浇透				花土里面变干过了3~4天后再浇水	花土变干后把水浇透				每月喷雾1次，花土表面湿润即可		断水
肥料	每2周施1次较稀的液肥					每2周施1次较稀的液肥						
作业	移栽、分株、播种、插穗				移栽、播种							

▲喷洒杀虫剂　　★盖上白色遮阳网　　★★盖上黑色遮阳网

3~5月、9~2月 喜爱25~40℃的日照温度。　　6~8月保持良好通风　　※仙人掌要增大昼夜温差（例）昼35℃ 夜15℃

99

翠晃冠锦

Gymnocalycium anisitsii f. *variegata*
翠晃冠上有黄色、橘色斑纹。斑纹纹路
样式不一。

天平丸

Gymnocalycium spegazzinii
通体覆盖着褐色长刺。夏季开浅粉色的
花。

绯牡丹锦

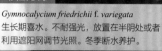

Gymnocalycium friedrichii f. *variegata*
生长期喜水。不耐强光,放置在半阴处或者
利用遮阳网调节光照。冬季断水养护。

碧岩玉变种

Gymnocalycium hybopleurum var. *ferosior*
碧岩玉的强刺系变种。刺又大又长,覆
盖着绿色的表皮。

罗星丸

Gymnocalycium bruchii var. *brigittae*
暗绿色表皮泛着光泽,衬托着刺格外漂
亮,放置在柔光下培育。

金碧

Gymnocalycium multiflorum var.
albispinum
球形,表皮绿色,棱深。开大朵浅粉色
的花。

牡丹玉

Gymnocalycium friedrichii
表皮有着鲜亮的紫色横向条纹。阳光强烈
照射会褪色。放置在黑暗的半阴处培育。

金环饰

Coryphantha pallida
球形略显直立,顶部开有美丽的花朵,
十分引人注目。

大祥冠

Coryphantha poselgeriana
球形,肉硬,秋季开浅色花朵。保持良
好通风,适度浇水。

菊水属
乳突球属

Strombocactus
Mammillaria

资料

仙人掌科	美国西南部、墨西哥、中美等地区
夏型	主根 + 细根型
难易程度	★容易培育

菊水
Strombocactus disciformis
呈扁圆形，是灰白色小型品种。生长迟缓，不喜夏季的直射阳光和闷热。

明日香姬
Mammillaria gracilis 'Arizona Snowcap'
通体覆盖着白刺，如同盛开着小白花一样惹人爱怜。开深粉色的花。

特点和培育要点

生长缓慢，刺小，开可爱的小花。菊水属仙人掌生长迟缓，喜阳，但夏季强光直射容易灼伤，需要利用遮阳网进行调节。乳突球属又被称作疣状仙人掌，刺的颜色、形状、花色等多种多样。喜爱强光，日照不足形状会不好看。盛夏时节节制浇水，略加干燥管理能顺利长大。

赤花高砂
Mammillaria bocassana 'Roseiflora'
表皮覆盖着柔软的白刺，春季呈环状，开粉花。夏季注意避免闷热。

丰明殿
Mammillaria oliviae
繁殖能力旺盛，子株长在四周，品种强健容易培育。开较大的粉花。

菊水属、乳突球属培育日历　夏型

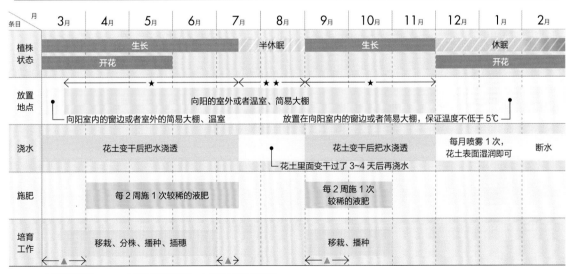

条目	月	3月	4月	5月	6月	7月	8月	9月	10月	11月	12月	1月	2月
植株状态		生长					半休眠	生长			休眠		
		开花									开花		
放置地点		向阳室内的窗边或者室外的简易大棚、温室		向阳的室外或者温室、简易大棚							放置在向阳室内的窗边或者简易大棚，保证温度不低于5℃		
浇水		花土变干后把水浇透						花土变干后把水浇透 / 花土里面变干过了3~4天后再浇水			每月喷雾1次，花土表面湿润即可		断水
施肥		每2周施1次较稀的液肥						每2周施1次较稀的液肥					
培育工作		移栽、分株、播种、插穗						移栽、播种					

▲喷洒杀虫剂　　★盖上白色遮阳网　★★盖上黑色遮阳网

3~5月、9~2月 喜爱25~40℃的日照温度。　　6~8月保持良好通风　※仙人掌要增大昼夜温差（例）昼35℃ 夜15℃

阳炎

Mammillaria pennispinosa

羽毛状的纤细白刺上有着粉红色的钩刺。喜光，不耐高温多湿。

春星

Mammillaria humboldtii Ehrenb.

覆盖着的白刺柔软、短小。深粉红色的花呈冠状开放。注意避免闷热。

玉翁殿

Mammillaria hahniana f. lanata

从疣状突起的侧边长出又白又长的毛。如果放置在通风处培育，既能耐寒也能耐热。

金手指缀化

Mammillaria elongata f. cristata

金黄色的刺很柔软，手触碰它也不会被刺痛。

羽衣舞

Mammillaria surculosa

呈地毯状横向伸展，子株群生。秋季开黄花。

金手指

Mammillaria elongata

圆柱形小型品种，长有黄刺，容易培育。生长迅速，子株群生。

乳突球属的繁殖方法

准备：花盆（直径7.5cm）、鹿沼土（中粒）、多肉植物花土、沸石（小粒）、小镊子、剪刀、铲桶、杀虫剂（DX杀虫剂）、缓效化肥（花宝、Magamp K）
苗：乳突球属金洋丸

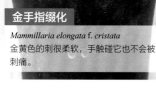

1
移栽，使植株更为充分地生长。刺会扎手，拿小镊子轻轻地抓住植株，把它从花盆中拔出来。

2
抓住植株，小心刺扎手，松解根部，打落连结在根部的土。

3
用小镊子抓住植株，用剪刀剪去约1/2根系。放置在明亮的阴凉处晒干切口。

4
放在空花盆上晾晒根部1~2周。根部朝上或躺放会损坏外观形状。

5
把鹿沼土均匀地铺在盆底，约2cm高即可。再放入花土。

6
放入约0.5g的杀虫剂，填入花土。

7
捏一小撮缓效化肥放入花盆。

8
用小镊子捏住植株，填入花土，种植株苗。

9
花土表面铺上一层薄薄的沸石，移栽后放置在半阴处培育1周。

白鹭

Mammillaria albiflora

小型圆柱状仙人掌，覆盖着白刺。子株大量群生。夏季注意避免多湿。

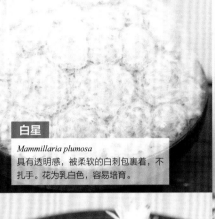

白星

Mammillaria plumosa

具有透明感，被柔软的白刺包裹着，不扎手。花为乳白色，容易培育。

玉翁

Mammillaria hahniana

小型圆柱形仙人掌，刺为白色，较柔软。冬季呈冠状开粉色小花。

月影丸

Mammillaria zeilmanniana

圆柱形状，子株群生。多花性，花期时，全身会被大量花朵覆盖。

杜威丸

Mammillaria crinita ssp. *duwei*

小型品种，直径约为 4cm 的植株群生生长。花色富于变化。

沙堡疣

Mammillaria saboae ssp. *haudeana*

深绿色的小型品种，群生生长，可以长成大株。开花率高，花色是深粉红色。

白鸟

Mammillaria herrerae

通体覆盖着又白又细的刺，子株群生。喜阳。

白珠丸

Mammillaria spinosissima cv.

圆柱形仙人掌，刺又白又细又长。表皮为绿色，开深粉红色的花。

姬春星

Mammillaria humboldtii var. *caespitosa*

小型品种，覆盖着的刺如同白色的毛一般。子株群生，品种强健，容易培育。

白绒球

Mammillaria prolifera ssp.*haitiensis*
球状小型品种，白毛中长有褐色的刺。
群生生长，可以长成大株。

寒彩莲石化

Mammillaria crinita ssp.*painteri*
f.*monstruosa*
寒彩莲的变异品种。绿色的疣状突起相
连，形态独特。

克氏丸

Mammillaria hernandezii
绿色球状，伸展的刺如同绽开的小白花
一样，开花时注意预防蛞蝓（鼻涕虫）。

马图达

Mammillaria matudae
圆筒形仙人掌，品种强健，容易培育。
粉花呈冠状开放。

满月

Mammillaria candida f.*rosea*
喜阳，球形较低。冬季实施干燥管理，
温度不能低于 0℃。

佩雷

Mammillaria perezdelarosae
覆盖着白毛，褐色的刺长长地伸展着。
夏季注意避免闷热，保持凉爽。

明星

Mammillaria schiedeana
黄色的刺如同绵毛一般，鲜艳地引人注
目。从绵毛中开出乳白色的花。

夕雾

Mammillaria microhelia
覆盖着又白又细的刺，长长地伸展着。
开黄色的小花。红花品种称为朝雾。

松针牡丹

Mammillaria luethyi
开大朵粉花。一度被大家忽视的品种，
1990 年被大家开始喜爱的仙人掌。小型
品种，颇受欢迎。

山影掌属
龙神柱属

Cereus
Myrtillocactus

┃资 料┃

仙人掌科 墨西哥、中南美等地区
夏型 主根 + 细根型
难易程度 ★容易培育（部分略难）

金狮子
Cereus variabilis f. *monstrosa*
长有褐色的刺，开白色的小花。有大量
生长点，所以"狮子化"。

螺旋富氏天轮柱
Cereus forbesii cv. *spiralis*
生长点呈螺旋状变化，如同旋涡一般回
旋生长，姿态独特。

特点和培育要点

原生于墨西哥、南美、中美
等地的种群，两种都是可以长成
大株的柱型仙人掌。姿态独特，
颇具人气。品种强健、容易培育，
只要环境适合便能顺利生长。比
起山影掌属，龙神柱属略微不耐
寒。生长快速，每年适当地进行
移栽。剪掉坏根和老根，整理好
根系后再进行移栽，这样更利于
仙人掌之后的生长发育。

残雪之峰
Cereus spegazzinii f. *cristatus*
残雪柱的生长点相连带化变异。外形独
特。

龙神木
Myrtillocactus geometrizans
青绿色的粗柱形仙人掌，春季开白花。
分枝长成大株。

山影掌属、龙神柱属培育日历 夏型

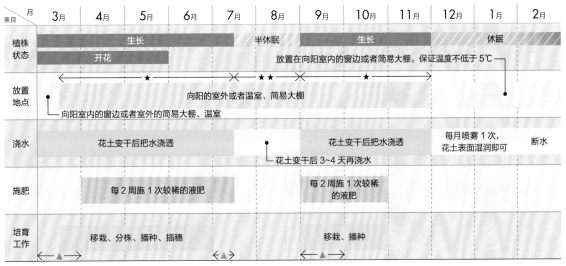

条目 \ 月	3月	4月	5月	6月	7月	8月	9月	10月	11月	12月	1月	2月
植株状态	生长					半休眠	生长				休眠	
	开花				放置在向阳室内的窗边或者简易大棚，保证温度不低于5℃							
放置地点	向阳室内的窗边或者室外的简易大棚、温室	★ 向阳的室外或者温室、简易大棚				★★		★				
浇水	花土变干后把水浇透					花土变干后3~4天再浇水	花土变干后把水浇透			每月喷雾1次，花土表面湿润即可		断水
施肥		每2周施1次较稀的液肥					每2周施1次较稀的液肥					
培育工作	移栽、分株、播种、插穗						移栽、播种					

▲喷洒杀虫剂　★盖上白色遮阳网　★★盖上黑色遮阳网

3~5月、9~2月 喜爱25~40℃的日照温度。　6~8月保持良好通风　※仙人掌要增大昼夜温差（例）昼35℃ 夜15℃

（多）刺团扇属
纸刺属

Cumulopuntia
Tephrocactus

资 料

仙人掌科	南美等地区
夏型	细根型
难易程度 ★容易培育（部分略难）	

特点和培育要点

　　原生于南美洲阿根廷的高山多岩石地带，和原生于平原沙漠的仙人掌有所不同。相当耐寒，不喜闷热。梅雨季节到夏季只要保持良好的通风，便能茁壮成长。通风良好、沐浴强光时，全年都能在室外培育。纸刺属如果根部完全变干会受损，所以冬季休眠期偶尔也要浇水。

碧岩
Cumulopuntia ferocior
块根性仙人掌，部分根部变得肥大。繁殖时按节切开即可。

团扇
Tephrocactus pentlandii var. *rossianus*
在土壤下方长出块根，土壤上方呈小芋根形，匍匐着连在一起。

蛮将殿
Tephrocactus alexanderi
原生于高山多岩石、干燥的地带，部分根部会变得肥大。夏季注意避免闷热。

武藏坊
Tephrocactus articulatus var. *syringacanthus*
又白又薄的刺很独特。外形可爱，就像两个丸子叠在一起，可按节分离繁殖。

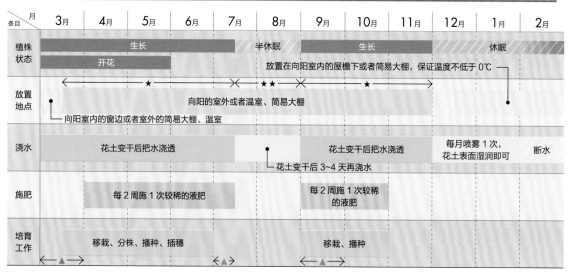

（多）刺团扇属、纸刺属培育日历 夏型

条目\月	3月	4月	5月	6月	7月	8月	9月	10月	11月	12月	1月	2月
植株状态		生长				半休眠	生长				休眠	
	开花			放置在向阳室内的屋檐下或者简易大棚，保证温度不低于0℃								
放置地点	←——————————★——————————×————★★————————————★————————→											
	向阳的室外或者温室、简易大棚											
	向阳室内的窗边或者室外的简易大棚、温室											
浇水	花土变干后把水浇透					花土变干后把水浇透				每月喷雾1次，花土表面湿润即可		断水
					花土变干后3~4天再浇水							
施肥	每2周施1次较稀的液肥						每2周施1次较稀的液肥					
培育工作	移栽、分株、播种、插穗						移栽、播种					
	←—▲—→			←—▲—→		←—▲—→						

▲喷洒杀虫剂　　★盖上白色遮阳网　　★★盖上黑色遮阳网

3~5月、9~2月 喜爱25~40℃的日照温度。　　6~8月保持良好通风 ※仙人掌要增大昼夜温差（例）昼35℃ 夜15℃

锦绣玉属
花座球属

Parodia
Melocactus

资料	
仙人掌科	中南美等地区
夏型	主根＋细根型
难易程度	★容易培育（部分略难）

金晃丸
Parodia leninghausii
圆柱形，随着生长可以长高至1m左右。子株群生。容易培育。

锦绣玉
Parodia microsperma ssp. *aureispina*
长有钩刺，开黄色花朵。品种强健，容易培育。

特点和培育要点

　　原生于中南美等地，品种强健，自古就被大家喜爱，容易培育，是适合初学者种植的品种。两个品种都不耐寒，不耐闷热，夏季要放置在屋檐下方避雨。

　　锦绣玉属耐寒耐暑，但不耐闷热。花座球属原生于冷暖温差小的气候条件下，所以不耐寒。长出花座后，底座处容易受介壳虫侵袭，注意预防。

白闪小町
Parodia rudibuenekeri
又白又细的刺呈放射状生长。耐寒耐热。冬季节制浇水。

朗云
Melocactus curvispinus ssp. *lobelii*
长出来的花座就像土耳其帽子一样球体不长，只有花座向外生长。自己授粉也能繁殖。

锦绣玉属、花座球属培育日历 夏型

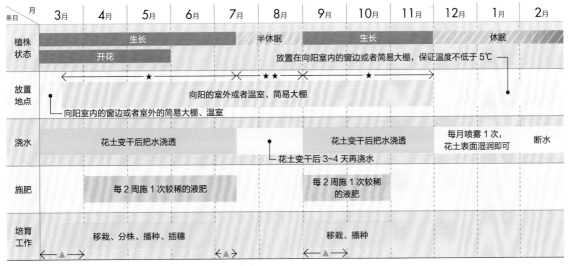

月 / 条目	3月	4月	5月	6月	7月	8月	9月	10月	11月	12月	1月	2月
植株状态	生长					半休眠	生长			休眠		
	开花				放置在向阳室内的窗边或者简易大棚，保证温度不低于5℃							
放置地点	向阳室内的窗边或者室外的简易大棚、温室		向阳的室外或者温室、简易大棚									
浇水	花土变干后把水浇透				花土变干后3~4天再浇水		花土变干后把水浇透			每月喷雾1次，花土表面湿润即可		断水
施肥		每2周施1次较稀的液肥					每2周施1次较稀的液肥					
培育工作		移栽、分株、播种、插穗					移栽、播种					

▲喷洒杀虫剂　　★盖上白色遮阳网　　★★盖上黑色遮阳网

3~5月、9~2月 喜爱25~40℃的日照温度。　　6~8月保持良好通风　　※仙人掌要增大昼夜温差（例）昼35℃　夜15℃

士童属
仙人棒属

Frailea
Rhipsalis

资料

仙人掌科	中美洲和南美洲等地区
夏型	粗根型·细根型
难易程度	★★略难培育

特点和培育要点

　　士童属是主要原生于南美洲的小型品种，可以自己授粉结果，自然地外溢发芽。根为块根状，所以需要预防因过湿而导致的烂根。不耐强光，放置在半阴处或者进行遮光。仙人棒属附生长在热带雨林的树干、岩石上。与其他仙人掌相比喜欢弱光，不喜阳光直射。春季开白花或者黄花。根部不耐闷热，过湿容易烂根，所以等花土变干后再浇水。

紫云丸
Frailea grahliana
表皮有两种颜色，分别是紫色和深绿色，周围长有大量子株。生长速度快。

士童
Frailea castanea
人气品种之一，外观如同南瓜一样，不耐闷热，夏季节制浇水。冬季休眠期也要节制浇水。

狸之子
Frailea mammifera
喜爱柔光。大量子株群生生长，自己授粉结果，播种种子也能繁殖。

青柳
Rhipsalis cereuscula
小小的绿色粒状物相连，一边分枝一边向外扩散生长。注意预防因过湿而导致的烂根。

士童属、仙人棒属培育日历 夏型

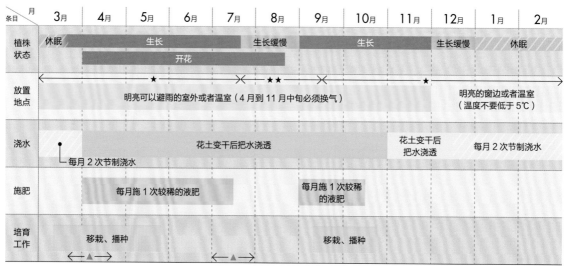

条目 \ 月	3月	4月	5月	6月	7月	8月	9月	10月	11月	12月	1月	2月
植株状态	休眠	生长				生长缓慢	生长			生长缓慢		休眠
		开花										
放置地点	明亮可以避雨的室外或者温室（4月到11月中旬必须换气）★ ✕ ★★ ✕ ★									明亮的窗边或者温室（温度不要低于5℃）		
浇水	每月2次节制浇水	花土变干后把水浇透							花土变干后把水浇透	每月2次节制浇水		
施肥		每月施1次较稀的液肥					每月施1次较稀的液肥					
培育工作		移栽、播种					移栽、播种					

▲喷洒杀虫剂　　★盖上白色遮阳网　　★★盖上黑色遮阳网

3~5月、9~2月 喜爱25~40℃的日照温度。　　6~8月保持良好通风　※仙人掌要增大昼夜温差（例）昼35℃ 夜15℃

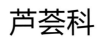

芦荟科

龙舌兰属
Agave

┌─ 资料 ─┐
天门冬科	中南美
夏型	粗根型
难易程度	★ 容易培育
	（部分略难）

特点和培育要点

原生地是地域广阔的中美洲和南美洲，包含约200种植物。大多数品种强健、容易培育。大多数在干燥地带生长，如果是耐寒品种，在关东平原以西的温暖地带可以在庭院培育。

不喜闷热，夏季要放置在通风良好的地方培育。春季到秋季放置在可以避雨的通风向阳处。冬季会受霜冻，所以要放置在屋檐下或者简易大棚等温暖的地方保护起来。不同品种耐寒程度有所不同，温度不能低于5℃。光照不足叶子会褪色。

黄覆轮鬼脚掌
Agave victoriae-reginae f. *variegata*
带有黄色晕纹的优良品种。耐热耐寒。梅雨季节注意避免过湿。

甲蟹
Agave isthmensis
叶边长有明亮的茶褐色的刺，呈带状相连。是甲蟹的优良品种。

甲蟹锦
Agave isthmensis f. *variegata*
甲蟹上有晕纹的品种。冬季温度要保持在5℃以上，夏季要遮挡光照。

鬼脚掌
Agave victoriae-reginae
品种强健，颇受欢迎的美丽品种。叶子上面白色的线条也很鲜亮。

龙舌兰属培育日历 夏型

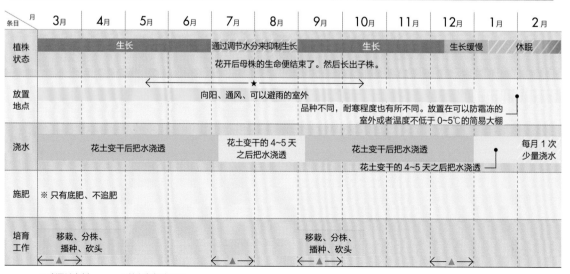

条目＼月	3月	4月	5月	6月	7月	8月	9月	10月	11月	12月	1月	2月
植株状态		生长			通过调节水分来抑制生长		生长			生长缓慢		休眠
					花开后母株的生命便结束了。然后长出子株。							
放置地点		←——————★——————→			向阳、通风、可以避雨的室外							
							品种不同，耐寒程度也有所不同。放置在可以防霜冻的室外或者温度不低于0~5℃的简易大棚					
浇水		花土变干后把水浇透			花土变干的4~5天之后把水浇透		花土变干后把水浇透				每月1次少量浇水	
								花土变干的4~5天之后把水浇透				
施肥	※ 只有底肥、不追肥											
培育工作	移栽、分株、播种、砍头						移栽、分株、播种、砍头					

▲喷洒杀虫剂　　★盖上白色遮阳网

乱雪

Agave filifera f. *variegata*
特点是乳白色的斑纹和纤细的白线。品
种强健，耐热。冬季注意防寒。

新雪山

Agave victoriae-reginae f. *variegata*
因乳白色的斑纹而得名。夏季过热时乳
白色斑纹部分会变成茶褐色。

龙趾

Agave pygmaea 'Dragon Toes'
大型品种，叶子美丽，刺会变成茶褐色。
大叶龙舌兰的优良个体。比较耐寒。

虚空藏

Agave parryi var. *truncata*
叶子为雅致的青绿色，呈莲座丛状，耐热
耐寒。品种强健，容易培育，属于大型品种。

王妃雷神

Agave potatorum var. *verschaffeltii* f.
variegata
叶子上有斑纹，魅力十足。夏季要在柔
光下培育，以免叶子被灼伤。冬季注意
防寒。

王妃雷神锦

Agave potatorum f. *variegata*
喜爱柔光。不耐冬季严寒。受损时叶子
会出现斑点。

青磁炉

Agave uthaensis
刺短，泛着青色的叶子看上去十分美丽。
在龙舌兰属中属于耐热耐寒的一类。

曲刺妖炎

Agave utahensis var. *eborispina*
刺又白又长，比较耐热耐寒，不耐夏季的
多湿天气。节制浇水。

Point

长出子株后摘离并分株

在龙舌兰属中，母株饱满时四周
会长出子株，分株后便能繁殖。

1 初春和初秋适宜
分株繁殖。如果
在夏冬季分株，
子株容易受损、
枯萎。

2 从母株上分离后
种植在花盆里。
尽量不损坏连着
的根和叶芯，减
小受伤面积。

松塔掌属
沙鱼掌属
Astroloba
Gasteria

资料

百合科	南非
夏型（接近春秋型）	粗根型
难易程度	★容易培育
	（部分略难）

特点和培育要点

这两种多肉都是牛蒡根，呈莲座丛状，叶子肉厚，可以充分储水。从叶根长根，每年长大、变化一点。全年放置在通风良好的室外，遮光 30%~60%。春秋季温差较大时，等花土变干后把水浇透，盛夏时节在早晚凉爽的时间段把水浇透。松塔掌属的形态、生长模式都很接近十二卷属。沙鱼掌属即便在强光下也能茁壮成长。

新都塔
Astroloba dodsoniana
喜爱柔光，生长期要把水浇透。休眠期节制浇水。

卧牛
Gasteria armstrongii 'Kirara'
外观对称协调，叶子具有厚重感，是大型品种。长有白色斑点，颇具人气。

恐龙锦
Gasteria pillansii hyb. f. *variegata*
是恐龙和恐龙锦的杂交品种。稍微弱化光线后，叶色会更鲜亮。

松塔掌属、沙鱼掌属培育日历　夏型（接近春秋型）

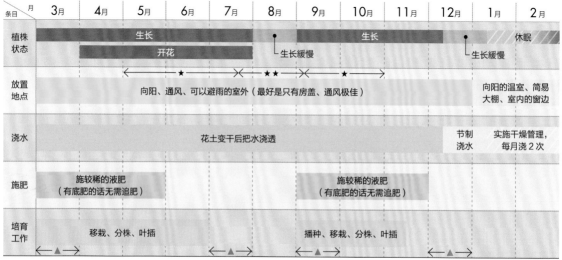

条目＼月	3月	4月	5月	6月	7月	8月	9月	10月	11月	12月	1月	2月
植株状态	生长					生长缓慢	生长			生长缓慢	休眠	
		开花										
放置地点	向阳、通风、可以避雨的室外（最好是只有房盖、通风极佳）										向阳的温室、简易大棚、室内的窗边	
浇水	花土变干后把水浇透									节制浇水	实施干燥管理，每月浇2次	
施肥	施较稀的液肥（有底肥的话无需追肥）						施较稀的液肥（有底肥的话无需追肥）					
培育工作	移栽、分株、叶插						播种、移栽、分株、叶插					

▲喷洒杀虫剂　★盖上白色遮光网　★★盖上黑色遮光网

恐龙

Gasteria pillansii 'Kyoryu'
恐龙锦的优良品种，叶子呈葫芦形生长。水分不足时叶子会变薄。喜爱强光。

小龟姬

Gasteria bicolor var. *liliputana*
叶子上有细腻的花纹，叶片呈几何图形伸展。小型品种，子株群生，品种强健、容易培育。

子宝锦

Gasteria gracilis var. *minima* f. *variegata*
小型品种，强健茁壮，受大家喜爱，斑纹的纹路有个体差异。子株容易繁殖。

爱勒巨象锦

Gasteria pillansii f. *variegata*
全年放置在向阳通风处，春季到秋季等花土变干后浇水。叶子回旋长大。

黑莺喋

Gasteria batesiana
叶子表面有发黑、细小、不光滑的花纹。喜爱弱光。

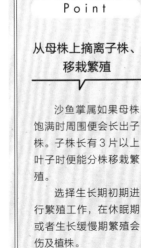

Point

从母株上摘离子株、移栽繁殖

沙鱼掌属如果母株饱满时周围便会长出子株。子株长有3片以上叶子时便能分株移栽繁殖。

选择生长期初期进行繁殖工作，在休眠期或者生长缓慢期繁殖会伤及植株。

1

子株从母株一侧生长出来。置之不理会长满花盆，所以要进行分株。

2

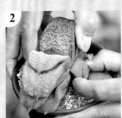

从一侧扶着植株，轻轻地摘下子株。移栽到别的花盆里。

芦荟属
Aloe

黑魔殿芦荟
Aloe melanacantha var. *erinacea*
特点是刺长，生长迟缓。耐寒，不耐闷热。
夏季实施干燥管理。

木立芦荟锦
Aloe boiteani
传承多年的品种，斑纹木立芦荟。强健
茁壮，容易培育。温暖地带可以室外培育。

头状芦荟
Aloe capitata var. *cipolinicola*
卡比塔塔的变种，叶子稍微长长一些便
会立起来，下叶便会枯萎。

查波芦荟
Aloe capitata var. *quartziticola*
鲜艳的绿色叶子上有着橘色的刺。秋季
刺会变红。春秋季生长。

资料

百合科	中美洲和南美洲
夏型	粗根型
难易程度	★ 容易培育
	（部分略难）

特点和培育要点

　　主要原生于南非、马达加斯加岛地区，芦荟属约有 500 种。大多数品种强健、容易培育。有 5cm 的小型品种，也有能长到 10m 高的大型品种，形态不一。耐寒的品种，在关东平原以西的温暖地带可以在户外培育。具有高山属性的品种夏季特别喜欢通风良好的场所。在可以避雨的通风向阳处可以茁壮成长。日照不足会徒长。冬季容易受霜冻，需要放置在房檐下或者简易大棚中保护起来。

芦荟属培育日历　夏型（接近春秋型）

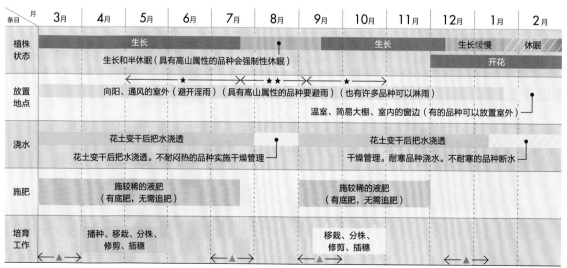

条目	3月	4月	5月	6月	7月	8月	9月	10月	11月	12月	1月	2月
植株状态			生长					生长		生长缓慢		休眠
		生长和半休眠（具有高山属性的品种会强制性休眠）								开花		
放置地点			★		× ★★ ×		★					
		向阳、通风的室外（避开淫雨）（具有高山属性的品种要避雨）（也有许多品种可以淋雨）										
							温室、简易大棚、室内的窗边（有的品种可以放置室外）					
浇水		花土变干后把水浇透						花土变干后把水浇透				
		花土变干后把水浇透。不耐闷热的品种实施干燥管理→					干燥管理。耐寒品种浇水。不耐寒的品种断水					
施肥		施较稀的液肥（有底肥，无需追肥）					施较稀的液肥（有底肥，无需追肥）					
培育工作		播种、移栽、分株、修剪、插穗					移栽、分株、修剪、插穗					

▲喷洒杀虫剂　　★盖上白色遮阳网　　★★盖上黑色遮阳网

圣诞芦荟

Aloe 'Christmas Carol'
优雅的紫色叶路略微发红，秋季红叶期全身变成鲜红色。颇具人气的杂交品种。

索赞芦荟

Aloe suzannae
产于马达加斯加岛，叶子可以长到1m的稀有品种。不耐寒，根系不易成活。

素拉科芦荟

Aloe suprafoliata
叶子相对而生，是人气芦荟属多肉品种之一。如果培育场所不向阳不通风叶子就会变细。

千代田锦

Aloe variegata
叶子上的纹路十分美丽。是自古以来就存在的优良品种，不能长成大株。

二岐芦荟

Aloe dichotoma
叶子长在1根枝干上。发育良好时能长到10m高。植株幼小时便呈直立状态。

伯伊尔芦荟

Aloe boylei
根部膨胀变大，是长出球状物的草系芦荟。花为橙红色。

螺旋芦荟

Aloe polyphylla
具有高山属性，喜阳，喜通风。避开北风和霜冻便能全年在室外培育。

多枝芦荟

Aloe dichotoma ssp.*ramosissima*
枝条容易从两侧长出，细长的叶子魅力十足。呈直立状态，株型紧凑。

> P o i n t
>
> ## 尽早摘除腐烂的下叶
>
> 对于那些因受闷热而腐烂的植株下方叶子，如果置之不理便会积存水分，伤及植株，甚至成为病害虫的温床。用手轻轻剥掉它们。动作要轻柔，以免伤到茎部。
>
>
>
> 腐烂的植株下方叶子变成了茶褐色。从一侧可以轻松摘除。

哨兵花属
香果石蒜属
粗蕊百合属

Albuca
Gethyllis
Trachyandra

宽叶弹簧草

Albuca concordiana

在室外光照不足时叶子就会不卷翘。一旦放入室内，叶子会瞬间垂落。

钢丝弹簧草

Albuca spiralis

卷成环状的叶子很受大家喜爱。沐浴不到强光时叶子便无法卷曲。

蚊香弹簧草

Gethyllis linearis

叶子卷着垂直回旋生长，魅力十足。如果不放置在室外向阳处，叶子便无法卷曲。

海带弹簧草 T 属

Trachyandra tortilis

叶子呈波浪形，能长 10~20cm 长，是人气品种之一。放置在室外的房檐下培育，根系不能晒到太阳。

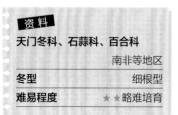

资料	
天门冬科、石蒜科、百合科	
	南非等地区
冬型	细根型
难易程度	★★略难培育

特点和培育要点

原生于南非等地区，叶子形状奇特，一圈圈地卷曲着，人气很高。是生长期在寒冷时节的球根植物，秋季叶子展开后便可以浇水。如果不放置在通风向阳处，叶子会长得凌乱。能忍受 3~5℃的寒冷温度。休眠期裸露在外的植株会凋落，只剩下球根。不喜闷热，夏季放置在通风的半阴处节制浇水。

哨兵花属、香果石蒜属、粗蕊百合属培育日历 冬型

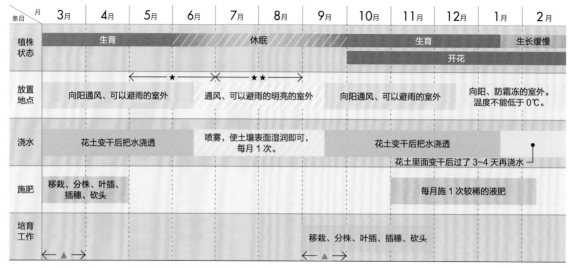

条目 月	3月	4月	5月	6月	7月	8月	9月	10月	11月	12月	1月	2月
植株状态	生育				休眠				生育			生长缓慢
									开花			
放置地点	向阳通风、可以避雨的室外			通风、可以避雨的明亮的室外			向阳通风、可以避雨的室外			向阳、防霜冻的室外。温度不能低于 0℃。		
浇水	花土变干后把水浇透			喷雾，使土壤表面湿润即可，每月 1 次。			花土变干后把水浇透					
								花土里面变干后过了 3~4 天再浇水				
施肥	移栽、分株、叶插、插穗、砍头							每月施 1 次较稀的液肥				
培育工作					移栽、分株、叶插、插穗、砍头							

★盖上白色遮阳网 ★★盖上黑色遮阳网

▲喷洒杀虫剂　★盖上白色遮阳网　★★盖上黑色遮阳网

虎眼万年青属 鳞芹属

Ornithogalum
Bulbine

资料

天门冬科、石蒜科	南非等地区
冬型	细根型
难易程度	★★略难培育

特点和培育要点

原生于南非等地区，叶子形状独特，有细长叶子，也有圆圆的叶子。都是在地下生长出球根或者块根，秋季生出叶子后再开始浇水。放置在向阳通风处培育。秋季到春季的生长期喜水，所以要在完全变干之前就浇水。冬季注意防霜冻、防北风。夏季休眠期受闷热后容易枯萎，请放置在通风的半阴处节制浇水。单叶洋葱百合近年来被统一归于弹簧草类。

小仓草
Ornithogalum multifolium
球根植物，秋季长出狭长的叶子，休眠期要断水，放置在通风的架子上培育。

单叶洋葱百合
Ornithogalum unifolium
只有一片长长的圆柱形叶子，圆鼓鼓的形态很独特。地表下有球根。

块根寿
Bulbine margarethae
细长的叶子上有着网眼花纹，地表下长有粗粗的块根。休眠期放置在半阴处节制浇水。

佛座箍
Bulbine mesembryanthemoides
秋季长叶子，呈蛋形，具有透明感，会长出细长的花茎。叶子鼓起来后开始浇水。

虎眼万年青属、鳞芹属培育日历　冬型

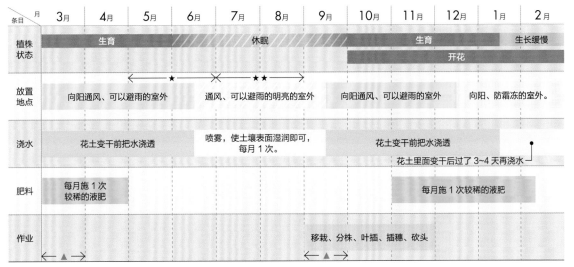

条目 月	3月	4月	5月	6月	7月	8月	9月	10月	11月	12月	1月	2月
植株状态	生育			休眠				生育			生长缓慢	
								开花				
放置地点	向阳通风、可以避雨的室外			通风、可以避雨的明亮的室外			向阳通风、可以避雨的室外			向阳、防霜冻的室外。		
浇水	花土变干前把水浇透			喷雾，使土壤表面湿润即可，每月1次			花土变干前把水浇透			花土里面变干后过了3~4天再浇水		
肥料	每月施1次较稀的液肥							每月施1次较稀的液肥				
作业						移栽、分株、叶插、插穗、砍头						

▲喷洒杀虫剂　　★盖上白色遮阳网　　★★盖上黑色遮阳网

虎尾兰属
Sansevieria

资料

天门冬科	非洲等地区
夏型	粗根型
难易程度	★容易培育

特点和培育要点

主要原生于非洲，属于大型品种可以当作观叶植物，人气很高。作为多肉植物培育的是小型、颜色形状都美丽的品种，春季到秋季是生长期。生长期可以室外培育，但不耐盛夏的强光。要放置在明亮的半阴处或者使用遮阳网遮光，花土变干后把水浇透。不喜闷热，要放置在通风场所。不耐寒，气温低于15℃时要移放至室内窗边、温室，寒冬时节要断水。

对生虎尾兰

Sansevieria ehrenbergii
厚厚的叶子有点像绿香蕉，鲜艳的红边十分漂亮。比较强健，冬季断水培育。

银纹虎尾兰

Sansevieria scimitariformis
叶边发红，叶子上长有银色花纹。生长迟缓，生长旺盛时，硬质的叶子会展开。

拉布拉诺斯锦

Sansevieria SP. lawanos23251 f. variegata
叶边发红，叶子上面有明亮的黄绿色斑纹，喜阳，冬季要放入室内保护起来。

鸟嘴

Sansevieria rorida
原产于索马里，生长迟缓，厚厚的叶子上有横向条纹，呈扇形展开。休眠期节制浇水。

虎尾兰属培育日历 夏型

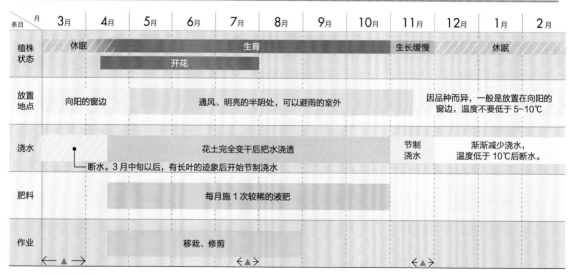

条目 月	3月	4月	5月	6月	7月	8月	9月	10月	11月	12月	1月	2月
植株状态	休眠		生育						生长缓慢		休眠	
		开花										
放置地点	向阳的窗边	通风、明亮的半阴处，可以避雨的室外							因品种而异，一般是放置在向阳的窗边，温度不要低于5~10℃			
浇水	断水。3月中旬以后，有长叶的迹象后开始节制浇水	花土完全变干后把水浇透							节制浇水	渐渐减少浇水，温度低于10℃后断水。		
肥料		每月施1次较稀的液肥										
作业			移栽、修剪									

▲喷洒杀虫剂

辛球属
立金花属

Drimia
Lachenalia

资料

天门冬科	南非、纳米比亚等地区
冬型	细根型
难易程度	★容易培育

特点和培育要点

　　原生于南非等地的球根植物。是人气品种,有一些有圆圆的叶子,一些也有狭长的叶子。秋季天气变凉爽后开始长叶子,这时候再慢慢的开始浇水。放置在向阳通风处培育,秋季到春季的生长期喜水,在花土变干前就要浇水。完全变干会伤及植株。冬季注意防霜冻、防北风。休眠期地上裸露部分会凋落,不喜闷热,夏季移放至通风的半阴处,节制浇水。

毛羽玉
Drimia platyphylla
阔叶,叶子表面长有大量又白又细的毛。

鹰爪百合
Drimia haworthioides
展开的叶子就像花朵一样俏丽。夏季休眠期要断水,球根要保持凉爽。

冥叶蝴蝶
Rhada-manthus platyphylla
秋季开始生长,长出圆圆的叶子。夏季休眠期断水,保持凉爽。

纳金花
Lachenalia trichophylla
仅长出 1 片圆圆的叶子,从叶根长出花茎,会开花。喜爱柔光。

辛球属、立金花属培育日历　冬型

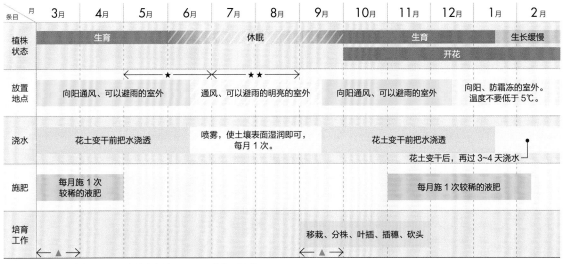

条目	3月	4月	5月	6月	7月	8月	9月	10月	11月	12月	1月	2月
植株状态	生育			休眠				生育			生长缓慢	
								开花				
放置地点	向阳通风、可以避雨的室外			通风、可以避雨的明亮的室外			向阳通风、可以避雨的室外			向阳、防霜冻的室外。温度不要低于 5℃。		
浇水	花土变干前把水浇透			喷雾,使土壤表面湿润即可,每月 1 次。			花土变干前把水浇透			花土变干后,再过 3~4 天浇水		
施肥	每月施 1 次较稀的液肥								每月施 1 次较稀的液肥			
培育工作					移栽、分株、叶插、插穗、砍头							

★盖上白色遮阳网　★★盖上黑色遮阳网

▲喷洒杀虫剂　★盖上白色遮阳网　★★盖上黑色遮阳网

十二卷属
Haworthia

资料

百合科	南非
春秋型	粗根型
难易程度	★容易培育
	（部分略难）

特点和培育要点

　　仅原生于南非，叶形多样，有的品种叶顶有"窗"，有的品种叶子偏硬。可以全年放置在通风良好的室外，略微有点湿度即可。适合在30%~60%的遮光环境中生长。在生长期时，花土需要完全变干后再把水浇透。盛夏时节在早晚凉爽的时间段节制浇水。冬季如果不上冻，在关东平原以西的温暖地带可以在简易大棚中越冬。近几年也流行放置在窗边，使用LED灯照射的培育方法。

姬玉露
Haworthia cooperi var. *truncata*
小型品种，顶端透明，十分美丽。

钢丝球
Haworthia arachnoidea var. *gigas*
叶子略薄，紧密地呈蕾丝状生长在一起，直径可达10cm以上。容易吸引介壳虫。

玉扇
Haworthia truncate
叶子呈扇状生长，形态独特，颇具人气。叶窗如同透镜一般。

哈林夜曲
Haworthia hybrida
白云系叶窗富有光泽，是漂亮的杂交品种。

十二卷属培育日历　春秋型

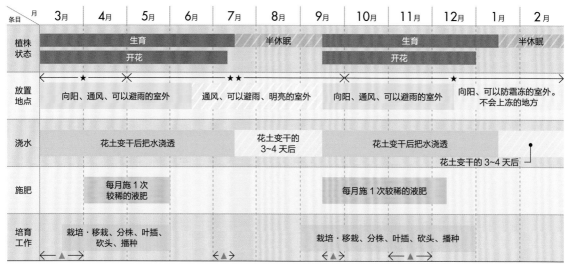

条目 月	3月	4月	5月	6月	7月	8月	9月	10月	11月	12月	1月	2月
植株状态	生育					半休眠		生育				半休眠
	开花							开花				
放置地点	向阳、通风、可以避雨的室外				通风、可以避雨、明亮的室外		向阳、通风、可以避雨的室外			向阳、可以防霜冻的室外。不会上冻的地方		
浇水	花土变干后把水浇透					花土变干的3~4天后		花土变干后把水浇透			花土变干的3~4天后	
施肥	每月施1次较稀的液肥						每月施1次较稀的液肥					
培育工作	栽培·移栽、分株、叶插、砍头、播种						栽培·移栽、分株、叶插、砍头、播种					

▲喷洒杀虫剂　★盖上白色遮阳网　★★盖上黑色遮阳网

金城

Haworthia margaritifera f. variegata
自古以来就存在的品种，强健且容易培育，属于硬叶系。一般生有黄斑，也有斑纹的排列方式很奇怪的品种。

绿色蜥蜴

Haworthia 'Green Iguana'
特点是窗体富有光泽，上面有冰淇淋似的花纹。玛丽莲 X 冰棒的优良品种。

暗绿水晶

Haworthia 'Kurosuishou'
黑色的叶子富有透明感，叶窗较大。从杂交品种中精选出表皮为暗绿色的植株。

冰砂糖

Haworthia turgida f. variegata
玉绿的斑纹品种，斑纹较大，所以生长迟缓。容易繁殖出子株。

雪豹

Haworthia 'Snow Leopard'
杂交品种，叶子表面长有玻璃感的颗粒，里面长有圆圆的叶窗。表面有光泽，十分美丽。

条纹十二卷

Haworthia fasciata cv.
硬叶系，也被称作宽叶十二卷，是大型品种，强健并且容易培育。

十二卷属的繁殖方法

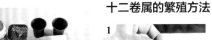

准备：花盆（直径 7.5cm）、鹿沼土（中粒）、多肉植物花土、沸石（小粒）、剪刀、桶铲、杀虫剂（DX 杀虫剂）等、金属丝
苗：硬叶尼古拉

1
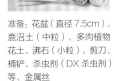
从花盆里拔出株苗，确认根部生长状态。白色的根苗视为健康。

2

褐色、松软的根部已经腐烂，要用小镊子仔细去除。

3

在植株自然分开的地方进行分株。如果受损，需要晾晒2~3日。

4

分成2株的状态。不要分得特别细碎。小心种植，避免根部弯折。

5

把鹿沼土均匀地铺在盆底，高约2cm即可。再放入花土。

6

再放入约0.5g的杀虫剂后，填充花土。

7

单手扶着步骤4中的株苗，填土。表面铺上沸石。

8

在叶子中间撑上金属丝，以免植株扎根不稳。

9
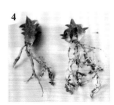
种植完成后浇水，直到盆底流出清澈的水。

万象

Haworthia truncata var. *maughanii*
从上向下俯视，叶窗圆圆的十分可爱。
不喜闷热，如果培育场所不通风、不向
阳，叶子会化水、变软。

姬玉露

Haworthia cooperi var. *truncata*
紫色姬玉露，被称作 OB1，紫色的花纹
十分精致。

白帝城

Haworthia 'Hakuteijyo'
比较强健，生长期喜水。透明且不光
滑的叶窗很受欢迎。

白斑玉露锦

Haworthia cooperi var. *pilifera* f. *variegata*
白色的斑纹十分精致，但光照要求很苛
刻，不易把控。喜爱柔光。

光玉露

Haworthia cv.
玉露和雪花的杂交品种。叶子呈黄绿色，
闪闪发光，十分漂亮。

象牙塔锦

Haworthia viscosa f. *variegata*
叶片相连如同塔一般，是象牙塔的斑
纹品种。比较强健，容易培育。

大莫克

Haworthia 'Big Mock'
大大的叶窗十分饱满，发育优良时可以
长成 10cm 以上的大型植株。

冬之星

Haworthia papillosa
在硬叶多肉中很有人气，根部纤细，容
易被肥料烧伤，种植时需要注意。

法舞

Haworthia 'Fran-dance'
玉露的杂交品种，叶子表面晶莹剔透，
闪闪发光的小粒十分引人注目，属于
大型品种。

硬叶寿 X 钢丝球

Haworthia bruynsii X *Haworthia arachnoldea* var. *glgas*
硬叶寿和钢丝球的杂交品种。继承了原品种的优点，外观魅力十足。

星之林

Haworthia reinwardtii var. *archibaldiae*
硬叶系十二卷属，深绿色的叶子尖尖的，长有白色点状斑纹，十分独特漂亮。

绿水晶锦

Haworthia 'Midorisuishounishiki'
是黑玉露锦的杂交品种繁殖出的斑纹品种。斑纹颜色极其特殊。

楼兰

Haworthia 'Mirror Ball'
比较强健，繁殖能力旺盛的品种。会使人联想到镜面反光球。

白银寿 A

Haworthia picta 'Miraclepicta A'
夏季节制浇水，这样才能茁壮成长。会长成半圆形。

雄姿城锦

Haworthia limifolia var. *schuldtiana* f. *variegata*
长有色彩鲜明的黄色斑纹，在硬叶系中也属于强健、容易培育的品种。

雄姿城 白斑

Haworthia limifolia var. *schuldtiana*
f. *variegata*
硬叶系雄姿城，精选出白斑漂亮的植株。生长迟缓。

Point

大株、珍贵植株通过叶插来繁殖

对于长成大株、发育良好的植株以及珍贵植株，可以通过叶插来繁殖。把天蚕丝挂在植株内侧，切离连着根的部分。大致一分为二，关键是不要分得太小。培育工作选择生长期伊始进行，在休眠期以及生长缓慢的时期进行繁殖工作会伤及植株。

1

发育良好的大株。想要增加，或保留珍贵的植株时，在生长期伊始进行切离繁殖。

2

在把外侧叶子留下整圈后挂上天蚕丝，拉扯切割植株。

3

原来的植株放置在通风处培育会有新芽从切口长出来。将切离的叶子涂抹上生根剂，晾干后种植。

大戟科

大戟科（夏型）
Euphorbia

资料

大戟科	非洲、马达加斯加岛等地区
夏型	细根型
难易程度	★ 容易培育（部分略难）

特点和培育要点

　　大戟科是分布在全世界的大种群，主要原生于非洲、马达加斯加岛的形态特别品种。大致分为夏型品种和冬型品种，虽说是夏型，但在春秋温差较大的时节也会旺盛生长。在浇水方面，从春季到秋季都要把水浇透。因为分布广泛，所以有的品种在夏季会生长缓慢，而有的品种则会苗壮成长。夏季要放置在通风处培育，注意避免过湿。

安博翁贝大戟

Euphorbia ambovombensis
叶色和圆鼓鼓的枝干很受人喜爱。生长迟缓，基部膨胀，如同块根。

九头龙

Euphorbia inermis
放置在向阳通风处培育。冬天不能一直放置在室内，白天要移至室外接触冷空气。

布纹球

Euphorbia obesa
球形，花纹美丽，随着生长会变成圆柱形。品种强健并且容易培育，雌雄异株。

峨眉山

Euphorbia 'Gabisan'
不耐梅雨季节，不耐夏季闷热，过湿时会立即腐烂。水不可以浇得过多。

大戟科培育日历 夏型

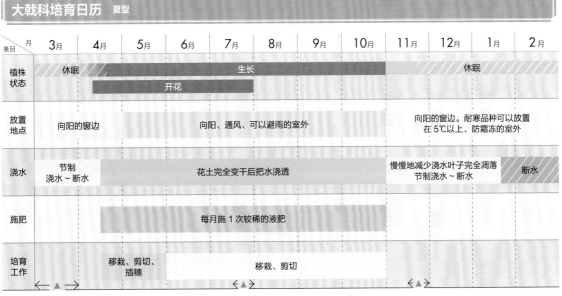

条目	3月	4月	5月	6月	7月	8月	9月	10月	11月	12月	1月	2月
植株状态	休眠		生长							休眠		
		开花										
放置地点	向阳的窗边			向阳、通风、可以避雨的室外					向阳的窗边。耐寒品种可以放置在 5℃ 以上、防霜冻的室外			
浇水	节制浇水～断水		花土完全变干后把水浇透						慢慢地减少浇水叶子完全凋落节制浇水～断水		断水	
施肥		每月施 1 次较稀的液肥										
培育工作		移栽、剪切、插穗		移栽、剪切								

▲ 喷洒杀虫剂

125

篦珊瑚

Euphorbia xylophylloides

被雨淋也没关系，比较容易培育。日照要充足。喜水。

红彩阁

Euphorbia enopla

适合初学者培育的大戟科多肉，品种强健。长新叶的时期，刺会变成鲜红色。

金轮祭

Euphorbia gorgonis

比较强健，叶形独特。花朵有异香。夏季要避雨，春秋季节要保持通风。

神蛇丸

Euphorbia clavarioides var. *truncata*

防雨，实施干燥管理。夏季要断水并保持良好通风。

神玉

Euphorbia obesa ssp. *symmetrica*

属于布纹球的变种，特点是长得扁圆，不会变成圆柱形。表皮花纹十分美丽。

琉璃晃

Euphorbia susannae

品种强健，容易培育。子株在四周群生繁殖。最好避开淫雨。

大正麒麟

Euphorbia officinarum ssp. *echinus*

自古以来就存在的大戟科多肉，品种强健，像仙人掌一样。淋雨后也能茁壮成长。

铁甲丸

Euphorbia bupleurfolia

特点是如同鳞片一样的黑色枝干。夏季注意避免过湿，因为闷热会导致植株烂根枯萎。

图拉大戟

Euphorbia tulearensis

凹凸不平的枝条像龙一样。从春季到秋季，阳光需求不高，要多浇水。夏季实施干燥管理。

玉龟龙

Euphorbia trichadenia

属于根部会膨胀的品种。日照不足茎叶会倒伏。歪斜，匍倒。要保持向阳和通风。

螺旋麒麟

Euphorbia tortirama

根部粗壮，鼓鼓的。根叶都能储水，叶子横向生长。

贵青玉

Euphorbia meloformis ssp. *valida*

特点是有花座残留。雌雄异株。冬季日照要充足。全年保持良好通风。

飞龙

Euphorbia stellate

根部鼓鼓的，叶子的展开形态多样。喜光，日照不足时叶子会变细。

费氏大戟

Euphorbia francoisii

喜水，要放置在半阴处培育，夏季不完全断水。春秋季要把水浇透。

波伊索尼(音译)

Euphorbia poisonii

品种强健容易培育，呈柱状。春季到秋季可以在室外培育。尽量不要切割枝干。

蓬莱岛

Euphorbia decidua

块根粗壮，休眠期无叶。生长期会再长出叶子。

长刺魁伟玉锦

Euphorbia horrida f. *variegata*

黄色的斑纹鲜艳亮丽。光照不足时斑纹颜色会变得模糊。刺的尖端会开花。

膨珊瑚

Euphorbia alluaudii ssp. *oncoclada*

品种强健，但注意避免台风过后的强光等夏季气候变化。叶子多片重叠不易于散热，多肉会变得闷热。

大戟科（冬型）
Euphorbia

资料

大戟科	非洲、马达加斯加岛等地区
夏型	细根型
难易程度	★容易培育（部分略难）

鬼笑

Euphorbia ecklonii
叶子富有光泽，块根外观也很好看。生长期日照或者温差不足时便会徒长。

特点和培育要点

冬型品种的大戟科从梅雨时期到夏季会进入休眠期，叶子凋落。休眠期要放置在通风、凉爽的半阴处，停止浇水。进入9月后的秋分时节开始生长。夜间气温下降后开始浇水，比较耐寒，最低温度保持在5℃左右，便能茁壮地越冬。寒冬时节也要节制浇水。

Point

切割大戟科会流出白汁

麒麟花等品种强健的大戟科可以通过插穗繁殖。需要注意的是切割用作插穗的枝条时，要把流出的白汁清洗干净，晾干之后才能使用。直接扦插难以成活。

1 用剪刀剪下处于生长期的麒麟花。会立即流出白汁。

2 从切口流出大量白汁。不小心粘在皮肤上会导致皮肤发炎，需要小心操作。

3 用水清洗干净后晾晒切口，晾干后插在土壤里。

大戟科培育日历　冬型

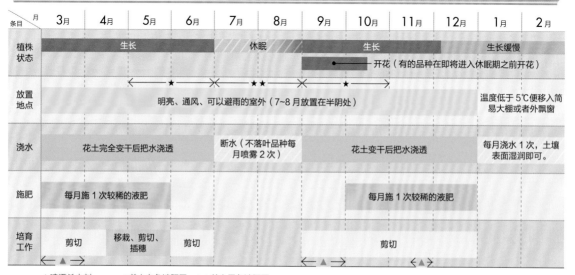

条目	月	3月	4月	5月	6月	7月	8月	9月	10月	11月	12月	1月	2月
植株状态		生长				休眠		生长				生长缓慢	
								开花（有的品种在即将进入休眠期之前开花）					
放置地点			← ★ — × — ★★ — × — ★ →			明亮、通风、可以避雨的室外（7~8月放置在半阴处）						温度低于5℃便移入简易大棚或者外飘窗	
浇水		花土完全变干后把水浇透				断水（不落叶品种每月喷雾2次）		花土变干后把水浇透				每月浇水1次，土壤表面湿润即可。	
施肥		每月施1次较稀的液肥						每月施1次较稀的液肥					
培育工作		剪切	移栽、剪切、插穗		剪切			剪切					

▲喷洒杀虫剂　　★盖上白色遮阳网　　★★盖上黑色遮阳网

块根类和
个性类

蒴莲属
漆树科属
葡萄翁属
漆树块根

Adenia
Operculicarya
Cyphostemma
Pachycormus

资料	
西番莲科、漆树科、葡萄科 非洲、 东南亚、马达加斯加岛等地区	
春秋型	细根型
难易程度	★★容易培育 （部分略难）

特点和培育要点

　　块根类多肉中的人气种群。蒴莲属在西番莲科中属于蔓性植物。枝干粗壮，所以从初春开始就要放置在向阳、通风的地方，生长期喜水。伸长枝蔓保护块根不受过湿的侵害，不耐强光直射。漆树科属和葡萄翁属比较强健，冬季休眠期落叶，最低温度保持在5~10℃，断水培育。

幻蝶蔓
Adenia glauca
外形如同德利酒壶，块根外皮为鲜绿色。枝蔓较长，上面长有叶子。

球腺蔓
Adenia globosa
茎部长有带刺的枝蔓。不耐寒，温度不能低于10℃。冬季断水培育。

Point

生长期需要水分，但浇水过多植株会走形。花土变干后再浇水。冬季即将到来时开始落叶，慢慢地减少浇水，完全断水后生长便会变得不良。每月浇1~2次，表面湿润即可，部分品种除外。

小块根类多肉的浇水秘诀

如果是小植株，在生长缓慢时期每月浇1~2次，快速地洒一下，土壤湿润即可。

蒴莲属、漆树科属、葡萄翁属、漆树块根培育日历 夏型

条目 月	3月	4月	5月	6月	7月	8月	9月	10月	11月	12月	1月	2月
植株状态	休眠		生长期						生长缓慢	休眠		
		开花										
放置地点	向阳的窗边		明亮、通风、可以避雨的室外						因品种而异，一般放置在向阳的窗边，温度不能低于5~10℃。			
浇水		花土变干后把水浇透							节制浇水	开始落叶后慢慢地减少浇水，叶子完全凋落后断水		
	断水至长出新叶。3月中旬以后有长新叶的迹象并且气温稳定之后开始节制浇水											
肥料		每月施1次较稀的液肥										
作业			移栽、剪切					剪切				

▲喷洒杀虫剂

球腺蔓

Adenia ballyi
流通数量较少，比较容易培育，放置在
通风的半阴处培育。温度不可以低于
10℃。

列加氏漆树

Operculicarya decaryi
枝干粗壮，适于盆栽。剪切塑形。春季
到秋季可以在室外培育，可以淋雨。

象腿漆树

Operculicarya pachypus
枝条较细，呈锯齿状弯曲，不高但枝干
粗壮。根部难以伸展。

索马里小叶葡萄

Cyphostemma betiforme
枝干较粗的块根类多肉。放置在可以避
雨的地方培育更利于株形变得紧凑。

安哥拉葡萄

Cyphostemma macropus
顶端先开花后长叶。喜爱强光和水分，
但浇水过多时叶子会长得过长。

象木漆树

Pachycormus discolor
枝干较粗，外皮不光滑，像大象的皮肤
一样。喜阳，喜爱良好的通风。

沙漠玫瑰
棒棰树属
麻风树属

Adenium
Pachypodium
Jatropha

资　料	
夹竹桃科、大戟科	非洲、马达
	加斯加岛、中南美等地区
夏型	粗根型
难易程度	★容易培育

特点和培育要点

　　块根类多肉中的高人气种群。全年喜阳。初春有长新叶的迹象后慢慢地开始浇水，最低温度不低于15℃后可以换为室外培育。有的种类需要避雨。沙漠玫瑰等品种在夏季叶子会吸引叶螨，需要注意预防。在温暖地带，除去梅雨和秋季淫雨时节，许多植株在雨天也能顺利生长。冬季移入温室或者室内保护起来。

阿拉伯沙漠玫瑰

Adenium arabicum
枝干横向变粗变大。盆栽风格的株形颇具人气。泰国在不断地进行品种改良。

沙漠玫瑰

Adenium obesum
原生于肯尼亚等地区，鼓起来的枝干与当地地面颜色十分相似。每年开出美丽的花朵。

索马里沙漠玫瑰

Adenium somalense var. *crispum*
叶子细长，枝干丰满，表皮漂亮。容易长出枝条。

索科特拉沙漠玫瑰

Adenium obesum ssp. *socotranum*
在沙漠玫瑰中属于最高级别，但在日本呈棒棰状生长。叶子和枝干颜色较深。

沙漠玫瑰、棒棰树属、麻风树属培育日历　夏型

条目 ＼ 月	3月	4月	5月	6月	7月	8月	9月	10月	11月	12月	1月	2月
植株状态	休眠		生长期						生长缓慢		休眠	
		开花										
放置地点	向阳的窗边		明亮、通风、可以避雨的室外						因品种而异，一般放置在向阳的窗边，温度不能低于5~10℃。			
浇水	断水至长出新叶。3月中旬以后有长新叶的迹象并且气温稳定之后开始节制浇水		花土变干后把水浇透						节制浇水	开始落叶后慢慢地减少浇水，叶子完全凋落后断水		
肥料			每月施1次较稀的液肥									
作业		移栽、剪切、播种		移栽、剪切								

▲喷洒杀虫剂

安博棒锤树

Pachypodium ambongense
叶子和株形都十分协调，很受大家喜爱。
随着生长，枝干会渐渐变黑、变得素雅。

惠比须笑

Pachypodium brevicaule
横向生长的扁平球根很独特。不耐夏季
闷热，保持良好通风。

象牙玉

Pachypodium eburneum
春季开黄花。枝干短粗，矮胖的样子十
分喜人。叶子凋落后减少浇水。

象牙宫

Pachypodium rosulatum ssp. *gracilius*
使用排水性良好的土壤，温度不低于
15℃时，春季便能在室外培育。

天马空

Pachypodium succulentum
开白花，花瓣上有深粉红色的条纹。块
根鼓起，随着生长不断变大。

光堂

Pachypodium namaquanum
原生于南非的人气块根类多肉。被分为
夏型，但从秋季到次年春季才是生长期。

双瓶刺干

Pachypodium bispinosum
在日本一般是把球根放在土壤之外培育，
但在原产地是埋入土壤里保护的。

非洲霸王树

Pachypodium lamerei
比较强健，如果在生长期，淋雨也能茁
壮生长。展开的叶子也魅力十足。

麻疯树

Jatropha spicata
从春季到秋季的温暖季节可以在室外培
育。不耐寒，所以叶子凋落后要断水。

回欢草属
长寿城属

Anacampseros
Ceraria

马齿苋科回欢草属
Anacampseros sp.
深紫色的小叶连在一起，横向繁殖生长。放置在半阴处培育。

吹雪之松锦
Anacampseros rufescens f. *variegata*
吹雪之松的斑纹品种。品种强健，在春秋季生长，夏季休眠。红叶期变成鲜艳的粉红色。

茶笠（长毛型）
Anacampseros baeseckei var. *crinite*
小球状的叶子相互连接在一起，叶腋有丝状软毛。开深粉红色的花。

蛛丝回欢草
Anacampseros filamentosa var. *depauperata*
小球状的叶子直立生长，从顶端长出花茎并开花。

资 料
回欢草科、马齿苋科、刺戟木科
南非、澳大利亚、美国等地区
春秋型（接近冬型）　　细根型
难易程度　　★★★难以培育

特点和培育要点

　　小小的叶子呈粒状，株形有点像青虫和蛇，形态独特。生长期是春秋季节，在白天温暖，夜晚凉爽，有昼夜温差时可以旺盛生长。不耐盛夏强光，可以使用遮阳网或者把植株移放至半阴处，以此来弱化光线。进行节制浇水，实施干燥管理。不耐严寒，最低温度保持在5℃以上便能越冬。

回欢草属、长寿城属培育日历 春秋型（接近冬型）

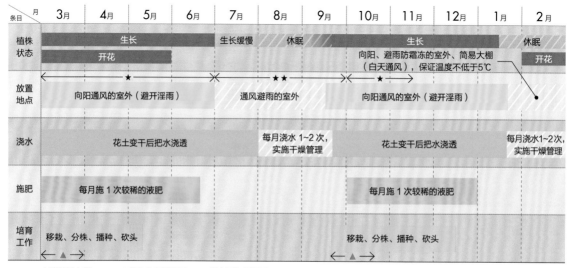

条目/月	3月	4月	5月	6月	7月	8月	9月	10月	11月	12月	1月	2月
植株状态	生长				生长缓慢	休眠		生长				休眠
	开花						向阳、避雨防霜冻的室外、简易大棚（白天通风），保证温度不低于5℃					开花
放置地点	向阳通风的室内（避开淫雨）				通风避雨的室外			向阳通风的室外（避开淫雨）				
浇水	花土变干后把水浇透					每月浇水1~2次，实施干燥管理		花土变干后把水浇透				每月浇水1~2次，实施干燥管理
施肥	每月施1次较稀的液肥							每月施1次较稀的液肥				
培育工作	移栽、分株、播种、砍头							移栽、分株、播种、砍头				

▲喷洒杀虫剂　　★盖上白色遮阳网　　★★盖上黑色遮阳网

茶笠（短毛型）

Anacampseros baeseckei
小粒状的叶子聚集在一起，能长到 5cm
左右，初夏开粉花。

韧锦

Anacampseros alstonii
长有银色的鳞片状短叶。放置在通风处
培育。春秋季生长，夏季休眠。

白龙鳞

Anacampseros papyacea ssp. *namaensis*
放置在明亮的半阴处培育，节制浇水。
冬季温度保持在 5℃以上，夏季断水培育。

银蚕

Anacampseros albissima
形态如同青虫一般。叶子为白色鳞片状，
遍布全枝。全年放置在通风处培育，节
制浇水。

延寿城

Ceraria pygmaea
多肉质的叶子以及块根都十分讨喜。春
秋季生长，夏季休眠。有叶子的时候浇水。

桃花延寿城

Ceraria fruticulosa
长有小粒状叶子，伸长的枝条如同灌木
一般，外形比较奇特。较容易培育。

百岁兰属
非洲铁属
Welwitschia
Encephalartos

百岁兰

Welwitschia mirabilis
一生只会长出 2 片叶子。生长期根部不喜干燥。冬季最低温度不能低于 10℃。

资料	
百岁兰科、苏铁科	非洲
夏型	粗根型、细根型
难易程度	★★★难以培育

特点和培育要点

百岁兰属原生于非洲纳米布沙漠。生长期要用心培育，迟续植株供给水分。冬季也无需断水，培育方式类似于半湿地的水生植物。叶根有生长点，所以叶子断折、受损便是致命伤。喜爱 30~40℃的气温，冬季最低温度不能低于10℃。两种多肉全年都要放置在向阳处，非洲铁属秋冬季要减少浇水，注意防霜冻。

非洲鬼铁杉

Encephalartos horridus
生长迟缓，能耐温差大的气候。小型植株夏季受到闷热容易烂根。

百岁兰属、非洲铁属培育日历 夏型

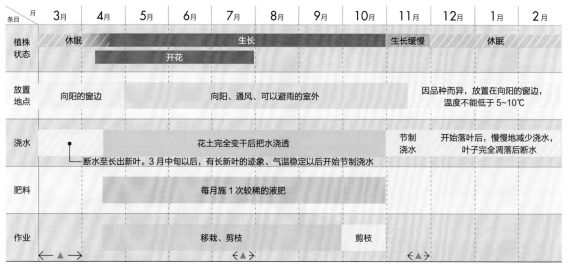

条目	月	3月	4月	5月	6月	7月	8月	9月	10月	11月	12月	1月	2月
植株状态		休眠				生长				生长缓慢		休眠	
			开花										
放置地点		向阳的窗边		向阳、通风、可以避雨的室外						因品种而异，放置在向阳的窗边，温度不能低于 5~10℃			
浇水			断水至长出新叶。3月中旬以后，有长新叶的迹象、气温稳定以后开始节制浇水	花土完全变干后把水浇透						节制浇水	开始落叶后，慢慢地减少浇水，叶子完全凋落后断水		
肥料				每月施 1 次较稀的液肥									
作业				移栽、剪枝				剪枝					

▲喷洒杀虫剂

青龙角属
剑龙角属
火地亚属

Echidnopsis
Huernia
Hoodia

资料

夹竹桃科	非洲等地区
夏型	细根型
难易程度	★★略难培育

特点和培育要点

　　这三类多肉植物都原生于非洲等干燥地带。火地亚属喜爱阳光，其他品种全年喜爱半阴。不耐热、不耐寒、不耐闷，所以需要悉心照顾。主要的生长期在夏季，在日本培育需要利用遮阳网把过强的直射阳光调整为柔光，或者放置在明亮的半阴处培育。冬季休眠期最低温度保持在5~10℃，断水培育。

青龙角
Echidnopsis angustiloba
培育要点是需要放置在通风的半阴处。不耐寒，断水后温度要保持在 5~7℃。

斑马萝藦锦
Huernia zebrine f. *variegata*
形态独特，长有如同刺一般的突起。黄色斑纹很鲜艳。花是稀有的海星形状。

阿修罗
Huernia pillansii
茎部群生，覆盖着刺一般的硬毛，植株根部开有海星形状的花。放置在通风处培育。

蝴蝶亚仙人掌
Hoodia gordonii
茎部很长，四周生有大量尖刺，形状如同仙人掌一般。培育关键在于保持通风和浇水。

青龙角属、剑龙角属、火地亚属培育日历　夏型

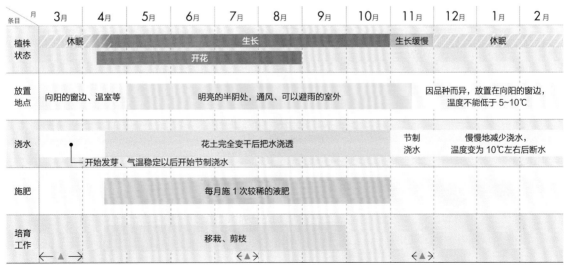

条目	3月	4月	5月	6月	7月	8月	9月	10月	11月	12月	1月	2月
植株状态	休眠				生长				生长缓慢		休眠	
				开花								
放置地点	向阳的窗边、温室等			明亮的半阴处，通风、可以避雨的室外					因品种而异，放置在向阳的窗边，温度不能低于 5~10℃			
浇水	开始发芽、气温稳定以后开始节制浇水			花土完全变干后把水浇透					节制浇水	慢慢地减少浇水，温度变为 10℃左右后断水		
施肥			每月施 1 次较稀的液肥									
培育工作		移栽、剪枝										

▲喷洒杀虫剂

137

厚墩菊属
千里光属

Othonna
Senecio

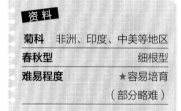

资 料

菊科	非洲、印度、中美等地区
春秋型	细根型
难易程度	★容易培育
	（部分略难）

特点和培育要点

　　两类都属于菊科，是比较耐寒的种群。全年放置在向阳处培育。秋季夜间气温下降后开始生长。保持良好通风，长出叶子后开始浇水。在温暖地带培育，只要避开北风、防霜冻，便能在房檐下越冬。初夏时节进入休眠后断水，夏季放置在半阴处培育，注意保持通风。

　　千里光属不喜高温闷热，夏季进入半休眠状态，所以要节制浇水，实施干燥管理。

紫玄月

Othonna capensis'Rubby Necklace'
日本别称紫月，秋季绿色的叶子会变成紫色。温度低于0℃会化水变软。

刨花厚敦菊

Othonna retrorsa
属于块根系多肉，枯萎的叶子、茎部重叠在一起，形态独特。休眠期每月少量浇水2次。

黑鬼殿

Othonna euphorbioides
颇受欢迎的灌木形块根类多肉。枝条顶端长有刺状花蒂，长出新芽后也不会调落。

厚墩菊属、千里光属培育日历 春秋型

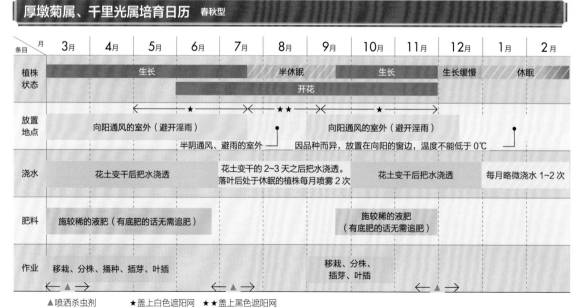

条目	3月	4月	5月	6月	7月	8月	9月	10月	11月	12月	1月	2月
植株状态		生长				半休眠		生长		生长缓慢	休眠	
					开花							
放置地点	向阳通风的室外（避开淫雨）			半阴通风、避雨的室外		向阳通风的室外（避开淫雨） 因品种而异，放置在向阳的窗边，温度不能低于0℃						
浇水	花土变干后把水浇透				花土变干的2~3天之后把水浇透。落叶后处于休眠的植株每月喷雾2次			花土变干后把水浇透		每月略微浇水1~2次		
肥料	施较稀的液肥（有底肥的话无需追肥）						施较稀的液肥（有底肥的话无需追肥）					
作业	移栽、分株、播种、插芽、叶插						移栽、分株、插芽、叶插					

▲喷洒杀虫剂　　★盖上白色遮阳网　　★★盖上黑色遮阳网

翡翠珠锦

Senecio herrianus f. *variegata*
翡翠珠的斑纹品种不耐闷热，但本品种即便有斑纹也很强健。

银月

Senecio haworthii
生长迟缓，略微难以培育。放置在通风处，在柔光下培育。

大型银月

Senecio haworthii
叶子上覆盖着天鹅绒般的白毛，十分雅致。夏季节制浇水，保持良好通风。

Point

在生长期对千里光属修剪塑形，利用插芽繁殖

　　对于银月等茎部不断变粗的品种，植株过高时被称作徒长，所以需要修剪并进行插芽。插叶难以繁殖，所以要选择插芽。用剪刀剪切，茎部留得长一些，切口晾干后插入花盆里繁殖。刚进入生长期的时间段最为适宜操作。

把茎部留得长一些，用作插穗。也会有新芽从母株的切口长出。

翡翠珠

Senecio rowleyanus
圆圆的叶子相互连接，被大家喜爱。生长期即便雨淋也能茁壮成长。

七宝树锦

Senecio articulatus 'Candlelight'
形状奇特，圆团状的茎部彼此相连。喜爱柔光，花土变干后把水浇透。

斑纹翡翠珠

Senecio rowleyanus f. *variegata*
翡翠珠上长有白斑。不耐夏季闷热，会变软化水，容易枯萎。

没药属
决明属
乳香属
Commiphora
Senna
Boswellia

没药

Commiphora holtziana
夏季生长，冬季不耐寒。培育温度要在10℃以上。长出叶子后便能室外培育。

露高（音译）

Commiphora sp. *logologo*
枝干较粗，风格独特，可以修剪成盆景。冬季注意防寒。品种强健容易培育。

沙漠苏木

Senna meridionalis
一到夜晚，圆圆的叶子便会闭合，早晨展开。长出新芽后可以修剪成盆景。

非洲乳香树

Boswellia neglecta
枝干较粗，长出叶子后如果气温稳定便能移到室外。休眠期温度保持在10℃以上有利于冒芽。

 资料

橄榄科、豆科、橄榄科	
非洲、马达加斯加岛等地区	
夏型	细根型
难易程度	★★略难培育

特点和培育要点

冬季温度在10℃以上，没药属、乳香属便能越冬。在日本温度降至15℃左右便要保护起来，保持叶子不落，使其缓慢生长，这样才能生长得更好。生长期充分沐浴阳光，放置在通风处培育，最低气温稳定在15℃之上便能在室外培育。淫雨绵绵的时节需要注意防护。决明属培育方式与没药属和乳香属基本相同，日照不足会徒长。

没药属、决明属、乳香属培育日历 夏型

条目\月	3月	4月	5月	6月	7月	8月	9月	10月	11月	12月	1月	2月
植株状态	休眠		生长						生长缓慢		休眠	
			开花									
放置地点	向阳的窗边、温室			向阳、通风、可以避雨的室外					因品种而异，放置在向阳的窗边，温度不能低于10~15℃			
浇水				花土完全变干后把水浇透					节制浇水	开始落叶后，慢慢地减少浇水，叶子完全凋落后断水		
		断水至长出新叶。4月以后，有长新叶的迹象、气温稳定以后开始节制浇水										
施肥				每月施1次较稀的液肥								
培育工作			移栽、剪枝					剪枝				

▲喷洒杀虫剂

岩桐属
薯蓣属
刺眼花属

Sinningia
Dioscorea
Boophone

【资料】

苦苣苔科、薯蓣科、石蒜科	
	非洲、中美等地区
冬型（部分夏型）	细根＋粗根型
难易程度	★★略难培育

特点和培育要点

岩桐属是苦苣苔的同类，地下部分长有块根，喜爱半阴环境。冬季休眠期地上部分枯萎，残留块茎，春季长出新芽。生长期要放置在明亮的半阴处培育，保持良好通风，花土完全变干后再浇水。薯蓣属分夏型和冬型，产于墨西哥的是夏型。冬季放入温室进行管理，不休眠更有利于它们生长。产于非洲的是冬型。刺眼花属是冬型球根植物，初秋进入生长期，长叶。

断崖女王

Sinningia leucotricha
块根较大，叶子如同披着天鹅绒一般。生长期喜水。落叶后断水。

龟甲龙

Dioscorea elephantipes
夏末开始生长，夏季休眠。最低温度保持在 5℃以上便能越冬。有的品种每年会换芋根。

刺眼花

Boophone disticcha
品种强健容易培育，放置在向阳通风的室外培育。在日本的生长期比较零散。

Point

处于生长期的刺眼花要放置在通风的室外培育

刺眼花属品种强健，而刺眼花长出叶子后便开始进入生长期。属于海外进口品种，有可能对环境适应力不稳定，长叶期不定，有的春季长叶，有的夏季长叶。刺眼花除淫雨外即便雨淋也没关系。生长期要放置在通风的室外培育。

培育在有房顶、通风的阳台的刺眼花。

岩桐属、薯蓣属、刺眼花属培育日历　冬型（薯蓣属分夏型、冬型）

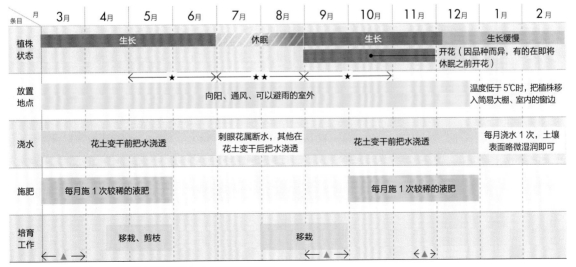

条目\月	3月	4月	5月	6月	7月	8月	9月	10月	11月	12月	1月	2月
植株状态	生长				休眠		生长			生长缓慢		
							开花（因品种而异，有的在即将休眠之前开花）					
放置地点	←★→×←★★→×←★→ 向阳、通风、可以避雨的室外									温度低于 5℃时，把植株移入简易大棚、室内的窗边		
浇水	花土变干前把水浇透				刺眼花属断水，其他在花土变干后把水浇透		花土变干前把水浇透			每月浇水 1 次，土壤表面略微湿润即可		
施肥	每月施 1 次较稀的液肥						每月施 1 次较稀的液肥					
培育工作		移栽、剪枝					移栽					
	▲						▲		▲▲			

▲喷洒杀虫剂　　★盖上白色遮阳网　　★★盖上黑色遮阳网

海葵角属
凝蹄玉属
Stapelianthus
Pseudolithos

资　料

夹竹桃科	非洲、马达加斯加岛等地区
夏型	细根型
难易程度	★★★难以培育

特点和培育要点

　　海葵角属和凝蹄玉属是形态独特、富有魅力的种群。全年放置在可以避雨的室外培育，尽量选择明亮的半阴处、通风良好的地方。通风差时，植株会因闷热而腐烂，甚至枯萎。春季到秋季是生长期，天气变得凉爽后慢慢地控制浇水，冬季偶尔喷雾，接近断水管理。春季回暖后慢慢地开始浇水。

毛茸角
Stapelianthus pilosus
全年放置在半阴处培育，重要的是保持良好通风。不耐热、不耐寒。花为海星形。

四方凝蹄玉
Pseudolithos cubiformis
会长成方形的奇特植物。颜色和表皮都魅力十足。不耐热、不耐寒。

海拉德海洛斯（音译）
Pseudolithos herardheranus
在日本培育形状会变成绿色的冰淇淋状，但在原生地是扁平的圆锥形。

马可伊
Pseudolithos mccoyi
在该种群中属于品种强健的一类，表皮为深绿色。开黑色的海星形的花。

海葵角属、凝蹄玉属培育日历　夏型

条目＼月	3月	4月	5月	6月	7月	8月	9月	10月	11月	12月	1月	2月
植株状态	休眠		生长						生长缓慢	休眠		
			开花									
放置地点	向阳的传播、温室		明亮、通风、可以避雨的室外						因品种而异，放置在向阳的窗边，温度不能低于 5~10℃			
浇水	断水。3月中旬以后，气温稳定以后开始节制浇水		花土完全变干之后把水浇透						节制浇水	慢慢地减少浇水，温度低于10℃之后断水		
施肥			每月施 1 次较稀的液肥 ※ 种植时如果加入了底肥便无需再施肥									
培育工作				移栽、剪枝				剪枝				

▲喷洒杀虫剂

琉桑属
草胡椒属
马齿苋属

Dorstenia
Peperomia
Portulacaria

资料

桑科、胡椒科、刺戟木科

南亚、中南美、南非等地区

夏型	细根型
难易程度	★★略难培育

特点和培育要点

琉桑属原生于南非等地区，春季开始生长。放置在避免阳光直射，但明亮的半阴处培育，冬季断水。马齿苋属分布于南非、北美等地，是大花马齿苋的同类。耐热但不耐寒，受霜冻会变软，枯萎，所以冬季温度要保持在5℃以上。春季到秋季的生长期充分浇水施肥便能旺盛地分枝成长。草胡椒属的培育方式与马齿苋属的相同。

巨琉桑

Dorstenia gigas
绿色的叶子富有光泽。生长期需要水分。品种强健但不耐寒，所以冬季需要断水。

金钱木

Portulacaria morokiniensis
叶子又大又圆，开美丽的黄花。生长期喜水，不耐冬季严寒。落叶后断水。

琉桑属、草胡椒属、马齿苋属培育日历　夏型

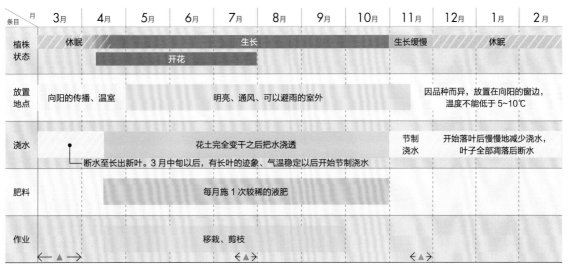

条目	月	3月	4月	5月	6月	7月	8月	9月	10月	11月	12月	1月	2月
植株状态		休眠	生长							生长缓慢	休眠		
			开花										
放置地点		向阳的传播、温室	明亮、通风、可以避雨的室外							因品种而异，放置在向阳的窗边，温度不能低于5~10℃			
浇水		断水至长出新叶。3月中旬以后，有长叶的迹象、气温稳定以后开始节制浇水	花土完全变干之后把水浇透							节制浇水	开始落叶后慢慢地减少浇水，叶子全部凋落后断水		
肥料			每月施1次较稀的液肥										
作业			移栽、剪枝										

▲喷洒杀虫剂

143

臭琉桑

Dorstenia foetida f.
春季长叶后开始浇水。放置在半阴处培
育。冬季断水，注意防寒。

塔翠草

Peperomia columella
小小的叶子彼此相连，富有魅力。夏季
放置在半阴处培育。冬季断水，温度保
持在 5℃以上。

臭琉桑锦

Dorstenia foetida f. *variegata*
叶子上长有黄绿色的斑纹。放置在凉爽
的半阴处培育。自己授粉并传播种子。

迷你的椰子树

Dorstenia lavrani
小型块根，雌雄异株。生长迟缓，枝条
分开生长。保持良好通风，避开淫雨。

雅乐之舞

Pailulacaria afra f. *variegata*
长成大株后枝干也会变粗，腋芽也会增加，
外形很值得一看。受霜冻会变软，化水。

福桂花属
天竺葵属
多蕊老鹳草属
（牻牛儿苗科凤嘴葵属）

Fouquieria
Pelargonium
Monsonia

▌资 料▐

福桂花科、牻牛儿苗科

中美、南非等地区

福桂花属是夏型（接近春秋型）

其他是冬型细根型

难易程度 ★★略难培育

特点和培育要点

原生于墨西哥、南非等地区的干燥地带的岩石和斜坡地区，茎干肥大。全年在向阳处培育。在日本，主要是春秋季生长，夏季半休眠。比较耐寒，在温暖地带有的品种可以在室外培育。冬季防北风、防霜冻，最低温度不可以低于5℃。生长期要等花土变干后把水浇透。多蕊老鹳草属也俗称牻牛儿苗科凤嘴葵属。

观峰玉
Fouquieria columnaris
不喜闷热，比较耐寒。主要在春秋季生长，严寒期间节制浇水。

簇生福桂花
Fouquieria fasciculata
随着生长根部不断变大，长为块根状。喜阳，喜爱通风良好。

墨西哥福桂树
Fouquieria macdougalii
品种强健，容易培育，生长类型为接近夏型的春秋型。长成大株后也可以在屋檐下培育。

天竺葵
Pelargonium christophoranum
茎干较粗，如同盆栽一样。夏季断水培育，保持凉爽，秋季长出叶子后开始浇水。

福桂花属、天竺葵属、多蕊老鹳草属（牻牛儿苗科凤嘴葵属）培育日历　夏型

月 / 条目	3月	4月	5月	6月	7月	8月	9月	10月	11月	12月	1月	2月
植株状态	生长				半休眠		生长				生长缓慢	
						开花（因品种而异，有的在即将进入休眠之前开花）						
放置地点	←★→ ←★★→ ←★→ 向阳、通风、可以避雨的室外									温度低于5℃需要移入简易大棚、窗边		
浇水	花土完全变干后把水浇透			天竺葵属、多蕊老鹳草属断水（福桂花属长叶后开始浇水）			花土变干后把水浇透			每月略微浇水1次，土壤表面润湿即可		
施肥	每月施1次较稀的液肥（※ 有底肥的话无需追肥）						每月施1次较稀的液肥（※ 有底肥的话无需追肥）					
培育工作	移栽、剪枝						移栽、剪枝、播种					

▲喷洒杀虫剂　★盖上白色遮阳网　★★盖上黑色遮阳网

羽叶洋葵

Pelargonium triste

冬型块根类，初秋时节叶子长出后开始浇水。夏季断水，保持通风良好。

格思龙骨葵

Monsonia crassicaulis

夏季休眠，秋季开始生长。开白花，有尖锐的刺。

黑皮月界

Monsonia multifida

初秋时节叶子长出后便开始浇水。夏季休眠期每月少量浇一次水。

龙骨扇

Monsonia vanderietiae

虽然是冬型，但夏季也生长旺盛，全年长有叶子。夏季不要完全断水，放置在通风半阴处。

枝干洋葵

Pelargonium mirabile

生长期给予最小限度的水分，间隙便不会过松。相互交错的枝条上长满了银灰色的叶子。

刺月界

Monsonia herrei

喜阳，生长期日照要充分，花土变干后把水浇透。刺尖锐。

龙骨葵

Monsonia patersonii

开漂亮的粉花，长有刺的枝干粗粗的，富有魅力。夏季保持通风、凉爽。